もくじ

岡潔　数学を志す人に

生命

近ごろ、生命とは何かがようやくわかってきたように思う。生命とは何か、生命はどこにあるかと人は探しているが、生命という言葉はあっても、その意味を本当には知らない。私がそうであった。

生命とは何かを考えるきっかけになったのは、計算機やタイプライターのキーをたたきすぎて病気になったあげく、自殺する人があると聞いたことである。いまの医学は、これについて経験から仮説を立てるまでには至ってないようだからと思って、私なりに自殺の原因を考えた。初めにこう思った。キーを打ちすぎると、大脳前頭葉《ぜんとうよう》がだめになって連想力が活発に働かなくなり、何か一つのことを思いつめてくよくよするに至るのだと解釈した。そう思ってみれば、近ごろの教育は、タイプライターを打つという、めまぐるしくてしかも単調な職業に似てきたし、一般の人々の生活もやはりそういう傾向にあるといえる。

次はこう考えた。大脳前頭葉の働きは、食物を摂取する場合にたとえると、舌の役割と同じだといえよう。食物は口から入れなくても、食道にゴム管をつないでそこから入れても、栄養をとることはできるが、ものの味は決してわからない。ものの味がわかるためには口を通さなければならないように、すべて学問や知識の味やおもしろさがわかるためには大脳前頭葉を通さなければならない。それをピアノにたとえると大脳前頭葉は鍵盤にあたる。鍵盤をたたけば音が出るように、大脳前頭葉を通して初めて心の琴線が鳴る。だから大脳前頭葉は人の音曲の中心（情緒の中心がそれにあたるのではないかと思っているのだが）に深く結びついているといってよい。

ところで、心の琴線の鳴り方であるが、自覚するにせよしないにせよ、たたけばともかく鳴るようになっており、好きな音だけ鳴らしていやな音を避けることはほとんどできない。だから、タイプライターを打ち続けるというようなこと、つまり微弱な、きれぎれの意志を働かせ続けるのは、絶えず細かな振動を心の中心に与えていることになる。きれぎれの音は不協和音であり雑音である。しかも小さい細菌ほど防ぎにくいように、微弱な意志の雑音ほど防ぎにくい。

人の音曲の中心はその人固有のメロディーで、これを保護するためにまわりをハーモニーで包んでいると思われる。そんなデリケートなものなのだから、たえず不協和音を受け取っていると、固有のメロディーはこわされてしまう。そうすれば人の生きようという意欲はなくなってしまうのであろう。

してみれば、人の生命というものもその人固有のメロディーであるといえるのではないか。前にこんな小説を読んだことがある。主人公の女性が失恋して川に身投げをし、肺炎になってとても助からないという状態に陥る。そこへ相手の男性から手紙が届いた。そこには至れりつくせりのいたわりの文章が書かれていた。これを読むと彼女は、医者がふしぎがってこれは回復するかもしれないと考えるほどよくなったという。人の中心はメロディーで、これがどんなに強い生理的な働きをするかを描いた例といえよう。小説ではあるが、いかにもありそうなことだから、とりあげて描いたのだと思う。

生命というのは、ひっきょうメロディーにほかならない。日本ふうにいえば〝しらべ〟なのである。そう思って車窓から外を見ていると、冬枯れの野のところどころに大根やネギの濃い緑がいきいきとしている。本当に生きているものとは、この大根やネギをいうのではないだろうか。

医者に、生命とは何か、何をもって生きているとするのかと聞いても、医者はわからないと答える。これは聞くのが無理なので、医学は物質科学であって、決して生命のことを扱っているのではない。生命に非常に関係が深いと思われているもの、たとえば心臓の鼓動や脈搏《みやくはく》は、生命に随伴《ずいはん》した物質の現象にすぎない。私たちは物質現象にすぎないものを間違って生命と思ってきたようである。「生きている」という言葉を学校で教えるときに〝ミミズが生きている〟などという例をあげるのが間違いなので、あれは物質の運動にすぎない。冬枯れの野の大根やネギが生きているというのが本当なのである。

人の情緒は固有のメロディーで、そのなかに流れと色どりと輝きがある。そのメロディーがいきいきしていると、生命の緑の芽も青々としている。そんな人には、何を見ても深い色どりや輝きのなかに見えるだろう。ところが、この芽が色あせてきたり、枯れてしまったりしている人がある。そんな人には何を見ても枯れ野のようにしか見えないだろう。これが物質主義者とよばれる人たちである。生命の緑の芽の青々とした人なら、冬枯れの野に大根畑を見れば、あそこに生命があるとすぐわかる。生命が生命を認識するのである。こうした人にはまた、真善美の実在することもわかる。しかし、物質主義者には決してわからない。

キリスト教はここを、巧みにいい表わしている。

天《あま》つ真清水《ましみず》受けずして
罪に枯れたるひとくさの
栄えの花はいかで咲くべき
そそげいのちの真清水を　（賛美歌）

そこで、どうすればこの生命の緑の芽をいきいきと保てるかであるが、一つは塵《ちり》にまみれたり虫に食われたりしないよう、よく保護すること、もう一つは絶えずきれいな水を注いでやることであろう。心の芽は外からの塵にもまみれるが、それだけでなく、自分のなかから悪いものがでてきて、そのために悪くなる。これが虫にたとえられる。この両者から芽を守るのが道義なのである。道義の根本は、ややもすれば自分を先にし他人《ひと》をあとにしようとする本能をおさえて、他人を先に、自分をあとにすることにあるといってよい。子供についていえば、数え年五つぐらいになれば他人の喜びはわかるから、このころから、他人を喜ばせるようにしつければよいと思う。こうして育った子は、外からはいる悪いものにも、内から出る悪いものにもおかされないと思う。

きれいな水というのは、たとえば先人たちの残してくれた文化の水である。これも子供を対象にしていうなら、先人の残した学問、芸術、身をもって行なった善行、人の世の美しい物語、こうしたいろいろのよいものを知らせるのがたいせつであろう。もののよさがわかるということは明治以来だんだんむずかしくなってきている。現代は他人の短所はわかっても長所はなかなかわからない。そんな風潮が支配している時代なのだから、学問のよさ、芸術のよさもなかなかわからない。しかし、そこを骨を折ってやってもらわねば、心の芽のいきいきとした子は決して育たない。教育というのは、もののよさが本当にわかるようにするのが第一義ではなかろうか。

幼児の生い立ちをみると、情緒のメロディーは一人一人みな異なった色どりを持っている。幼児はそのメロディーをつくるのに実に骨を折っている。私は四月生まれなので、四月生まれに例をとると、数え年の一歳は全くそれにかかりきって、最も基礎的なものを用意している。二歳、三歳ではいろいろなしぐさや言葉を繰り返すことによって、メロディーをはっきりした形に残そうとしている。このメロディーが一人一人みな異なっている。

私には孫が二人いる。上は六歳の女児、下は四歳の男児であるが、二人を比べると、メロディーの色どりは男と女の違いを越えてまるきり違っている。色彩にたとえれば、全部合わせれば白になるというあの「色環《しきかん》」(1)から上の子が幾つかの色を選びとり、残っているものを下の子がとるのではないかと思えるほど違っている。どんな色かと問われるとむずかしいが、しいていうなら上の子は桃色、下の子は黄色という感じだろうか。喜びという情緒一つをとっても、上の子はある瞬間の鋭い喜びを見せるし、下の子は、鋭くはないがいつも「普遍的な」といっていいような喜びに包まれている。本当はどちらもいるので、両方合わせればうまくいくと思われるのだが。

姉と弟でこんなに違うというのはなぜだろうか。性格をつくるのは環境だとか、遺伝だとかいうけれども、そんな、いまそこにあるもので説明できるものではない。幼児がそのメロディーの色どりをとってくるのは、そんな三次元的な世界からではない。「過去心不可得《ふかとく》、現在心不可得、未来心不可得」の世界、無差別智の大海のなかからとってくるのだ。幼児にはそんなことはできないと思うのは何も知らないからだといってよい。

ところで、このメロディーを包むために時空がある。人のメロディーは時空のガラス戸のなかに保護されているわけである。大自然はそんなふうにして人をつくっているようにみえる。

しかし、時空は本来〝ある〟というものではない。本当は時空のなかにメロディーがあるのではなく、メロディーのなかに時空があるといえる。記憶を逆にたどってみても、できごとの前後関係などがわかりかけるのは、メロディーができ上がった数え年四歳以後である。メロディーは人の肉体の脳幹部に閉じこめられているものではなくて、エーテルのように、すべての時空にわたって遍満《へんまん》しているのである。あまねく時空に満ちているといえば、広く大きいものなのかとなるが、そうではない。時空のない世界にあるのだ。だから、将来そんな世界の物理学を考える人がでてきたとしても、時空の世界を扱った今の物理学と矛盾することはない。矛盾もなにも、初めから全然違うものなのだ。どうもこういうところは説明しにくい。物質的でないものを物質的な言葉を使って表現するから、妙なことになるわけである。

このメロディーが生命なのだから、生命は肉体が滅びたりまたそれができたりといった時空のわく内のできごととは全く無関係に存在し続けるものなのである。そして、人類が向上するというのは、無限の時間に向かってこのメロディーが深まってゆくことにほかならない。

時空のわくに閉じこめられた小我に対して、あまねくあるものは大我であり、理性的には、「大我のなかに各人のメロディーがある」といわれている。しかし本当はそうではない。これも、メロディーのなかに大我があるというのが正しい。メロディーがその人のすべてであり、そのなかに含まれているだけの大我しかその人にはない。また、そこにあるだけしか、そのメロディーの人にはわからない。いま弾いている音楽がその人にとってのすべてであるとすれば、そのなかに表現されている森羅万象がその人にとっての森羅万象なのである。

昔、張良《ちょうりょう》(2)は黄石公《こうせきこう》の兵書を読むだけで人心の機微《きび》を把握したといわれる。そんなふうな勉強の仕方で人を把握することが可能だということが、とりも直さず、メロディーが人であることを例証していると思う。メロディーだから、中心が把握できればどこにでも応用できるのだといえよう。諸葛孔明《しょかつこうめい》伝(3)の「時務《じむ》を知るを俊傑《しゅんけつ》となす」という言葉も、ここのところがわかったら時と場所とに応じて、活用できることを物語っているといってよい。孔明の人となりを見るには、若かった日の勉強の仕方を見るがよい。それを土井晩翠《どいばんすい》(4)はこう歌っている。

閑雲野鶴《かんうんやかく》空濶《ひろ》く
風に嘯《うそ》ぶく身はひとり

月を湖上に砕きては
ゆくへ波間《なみあい》の舟ひと葉
ゆふべ暮鐘《ぼしょう》に誘はれて
訪《おとな》ふは山寺の松の風（星落秋風五丈原《ほしおつしゅうふうごじょうげん》）

自分の心の琴線を思うままにかき鳴らしてそれにじっと聞き入っている、そんなふうな勉強ぶりを、いかにもほうふつとさせる。こうして森羅万象をメロディー的に把握してしまったのに違いない。

ついでにいえば、私はこんな詩歌《しいか》が昔から大好きで、高校生時分によく大声で朗唱しながら京都の街を散歩した。今の高校生、大学生も、ときどきはこうした歯切れのよい詩で、気持を高める歌を朗々と唱するのが必要ではないだろうか。これをやらないと、電気が背骨に通りにくくなり、感激性のない人間ができてしまうような気がする。

張良や孔明は人というメロディーがよくわかっているほうの例だが、わかってないほうの例

をあげると、昔、理研にいたドイツ人に俳句を詠《よ》ませたら、

鎌倉に鶴がたくさんおりました

とやったという。わかってないなあとしかいいようがない。わかってないというのは、その人にはそれだけのメロディーしかないということなのだから、すぐにはわからせようがない。「わかる」という言葉をここで少し説明しておきたい。言葉でわかっても仕方がないので、西郷《さいごう》と勝海舟《かつかいしゅう》が黙って向かい合ってすわっただけでわかったというのが、本当のわかり方なのである。日本人は昔からこれでやってきているのだし、このやり方で本当にわかるのを目標にすればよいと思う。本当にわかれば張良や孔明みたいになるもので、彼らはそれを言葉ではいい表わしていないが、実際に使ってみせている。いえないけれども使えるのである。言葉ではわかるが使えないというのと比べると、絵に描いた餅と真の餅との違いがある。

細かくいうと、本当にわかるのにもいろいろあって、張良はからだ全体でわかるといういき方、つまり「体得」である。孔明はむしろ手のひらに乗せてみせるやり方、いわば「覚《かく》」というのに近い。老荘のことはよく知らないが、そのもののいい方はきわめて明快簡潔である。こ

れは覚に徹した人の特徴である。

文化は食物と同じで、同化して初めてその人のものとなって働くことができる。そして同化とは、ひっきょうその人のメロディーがそれだけ密度を増すということにほかならない。密度が増せば喜びも強くなる。たとえば「しみじみとした喜び」を感じることがある。これはメロディーがメロディー自身を喜んでいるのだといえよう。

わかるというのは大宇宙がそれだけ広くなることである。いったんわかったら何を見てもわかるものなので、たとえば俳句を見てわかるといえば、だれの句はわかるがだれの句はわからないということはなくて、みなわかる。しかも、いつの日からかわかるようになったのである。まことにふしぎだが、それをだれもふしぎとは思わないようである。

生命の緑の芽に水を注ぐといったが、ここのところを少し生理的に考えてみよう。なにがしかの感激が外界にあったとする。これが五官を通して大脳側頭葉の知覚中枢を経て大脳前頭葉に報告され、そこで感情によって受け入れられる。すると初めて本当に人の内部に取り入れられたことになる。このあとその感情がだんだん素朴化されることによってだんだん深くはいってゆく。そしてついに情緒の中心に達する。ここからは交感神経系統、副交感神経系統が出ていて、全身との連絡がついている。それでこの素朴化された情緒が、大脳だけでなく全身に回る。そしてからだ全体がその情緒のうるおいによっていきいきとする。とりわけ情緒の中心と心臓とは密接に連絡していると思われる。この器官は、心の喜びを欠いては生きていけないらしい。

数学上の発見の場合は、鋭い喜びの感情となって肉体に回る。漱石が「午前中の創作の喜びが午後の肉体の愉悦《ゆえつ》になる」といっているのも、このつながりを指したものといえる。また光明《こうみょう》主義という仏教の一派では、修行が肉体や心の各部分の喜びになるとして、これを「諸根《しょこん》悦予《えつよ》」と表現している。そのほか、すぐれた本を読んで感激するなど、感激のとり方はさまざまであるが、こうして生きがいを感じて生きている人の顔色は生命に輝いて見える。それは健康の色どりとは別種類のものなのである。

また、取り入れられた情緒の一部はそのまままたくわえられる。生理的にどこにたくわえられるか、医学的にはまだわかっていないらしいが、たくわえられると、情緒のきめはだんだんと細かくなる。こうして情緒が深まってゆく。これが正しい意味の教養だと思う。

（一九六五年　六十四歳）

こころ

ちかごろアメリカにジャンポロジー(1)という学問——跳躍学とでもいうのでしょうか——ができて、こういう本が出ている、といって見せてもらいました。これは、ある週刊誌の記者が東京からふたり来て、それを見せてくれたのです。それで、写真にとりたいからとんでくれ、とわたしにいうのです。

なさけないことを頼まれるものだ、犬に頼んでくれないかなあ、と思ったのですが、東京からわざわざ見えたのだから、それじゃとぼうかな、と思って外に出ました。

すると、近所のなじみののら犬がやってきて、いっしょにとんでくれたのです。

こののら犬は、食べものはわたしのうちではなく、どこか近所をまわってもらって食べているらしい。しかし犬ですから、やはりどこかに飼われている、と思いたかったのでしょうか。

それで、そちらの感じをかなえるのに、わたしのうちを選んだようです。

夜は縁の下にはいって寝ます。戸をあけると、すぐ尾をふってはいってこようとします。だれか散歩に出れば、きっとついてきます。めちゃめちゃに尾をふって、いっしょに散歩します。

こういうふうにたくさんの家を集めて、けっきょく一つの家のようにつくりあげているのら犬です。

わたしはこの犬が飼われているという実感のわく家をほしがり、わたしのうちをこんなふうにたよっているのだから飼ってやらないか、といったのですが、犬を飼うといろいろとわたしにはよくわからない弊害がともなうらしく、家内と末娘が反対するのです。だから飼ってやるわけにもいきません。

しかし、なんとかしてやりたいな、と思っていました。おおげさにいうとそれが負担になっていました。

さてわたしがカメラに向かっていやいやにとんだところ、その犬も来てとんだのです。それが、すこしおくれてとんだものですから、写真にはまさにとぼうとしているところがうつっています。それがひどくいいのです。

やがてその週刊誌を見た人たちのあいだで評判になりました。つまりいちばんよくとぼうとしているのは犬である、ということになったのです。

こうしてだいぶん有名になったおかげで、近所のうちの一軒で飼ってやろうということになりました。それで、わたしもおおげさにいえばすっかり重荷をおろすことができ、やはりとんでよかったと思いました。


こんどは飼いねこのことをすこし。

その女子学生は、いろいろと基本的なことを聞くのが好きなのです。わたしが教えている奈良女子大数学科の学生です。あるとき、その女子学生といっしょに歩いていると、ねこの子が捨ててありました。

それを見て、

「先生、ねこの子が捨てられているところに行き合わせたら、どうすればよいのですか。」

と、たずねました。

わたしはそのときどう答えたか覚えていませんが、これは説明するとともにそのとおりしなくては仕方がないので、わたしはその子ねこを拾いあげてうちにつれて帰りました。つれて帰ってすぐ牛乳《ちち》をやったのですが、なかなかうまく飲んでくれなくて困ったことを覚えています。そして、ずるずると飼ってしまうことになりました。

名前はミルクで育てたのでミルとつけました。

ミルは変わったねこでした。

とくにわたしによくなつき、わたしが立ち上がると畳からかけ上がってひょいと左肩にとまるのです。

わたしはへやの中を歩くとき、ミルを左肩にとまらせていることが多かったものです。

そのころ、わたしのうちには息子にふたりの娘とみんなそろっていました。そして、寝床を広く横に敷いて寝たものですが、ミルはお産をするときその寝間にはいって子を生みました。

こんなねこはめったにありますまい。

食事のときはかならずわたしのひざに来ました。食卓のおかずが刺身なら刺身を一切れやりますと、食べてニッと口のまわりの筋肉をゆるめ、ちょっとうれしいような表情になります。

わたしはふと考えました。

ミルはいったいもらう刺身そのものがうれしいのだろうか、それとも刺身をもらうことによって、かわいがってもらっているということを確認して満足しているのだろうか。

そこで、どんなふうにためしたか忘れましたがとにかくためしてみました。そうすると、ミルは刺身が目的ではなく、きょうも刺身をくれるというわたしの行為を確かめたいのだとわかりました。

ミルもだいぶうちのものとなじみ、仲よしになったころでした。わたしは、おまえに一つ人間のことを教えてやろうということで、どうしようかと考えた末に庭のばらのところへつれていきました。南側の、わたしが花園と呼んでいるすこしの空地です。そのすみにちょうどばらが咲いていました。

かかえられて足をだらっと下げたかっこうでおとなしくしているミルに、わたしはきれいなばらを見せてやりました。そうすると、ちょっとかぐまではおとなしくしているのですが、すぐ、フンと横を向いてしまって、そのあとはどうしようもありません。

これはやってみなければ実感が出ませんが、とにかく、とりつくしまがないとはこのことだと思いました。ねこにばらをいくら教えようとしてもだめです。

そこでわたしはつくづく思いました。ねこがねこであることを抑止してくれなければ、ねこにばらはなんとも教えようがない。

そのうち、ミルの死ぬときが来ました。ひどく弱ってきたのです。

そのころ、わたしはひとりで奥の間に寝ていました。いつも寝床で考える癖があるので床は敷きっぱなしですが、その朝はすこし寒かったので、二枚続きの毛布を二つ折りにし、その間にはいって考えていました。

すると、ミルが障子の外に来て中にはいろうとしているのがわかりました。障子に穴があっていつもそこをとびこえて中にはいるのですが、もうとびこむ力がないらしい。障子をあけて入れてやると、どうも毛布の中にはいりたそうなようすをします。

わたしはミルを毛布の中に入れてやり、いつものように学校へ出かけました。そして、帰ってきたときは、ミルは毛布の中で冷たくなっていました。

ねこはふつう死に場所をけっして人に知らさないといわれていますのに、このねこはわたしの寝間に死に場所を求めて、わざわざもどってきたらしい。

犬とねこのことを話しましたが、こんどは人の話をしましょう。

ところで、わたしはいくら名前をお聞きしても、きれいさっぱりと忘れてしまう癖があります。この方のお名前も忘れてしまったのですが、ともかく、のちに偉い禅師になられた人がありました。昭和にはいってなくなられた方です。

いよいよ、その方が六つになり修行に旅立つというときおかあさんがこういわれたそうです。

「もしおまえがりっぱに修行し世の中にもてはやされるようになったら、なにもわたしのところへ会いになんかこなくてもよい。けれども、もし失敗して世間につまはじきにされ、だれもおまえをいれてくれない、というようなことになったら、そのときはわたしを思い出してわたしのところに帰っておいで。」

お坊さんは修行を積んで、だんだん偉くなり、悟りもひらき、地位も曹洞宗の名門である東京芝の青松寺《せいしょうじ》というお寺の住職になられました。

そのあいだに三十年の歳月がたったのです。

そうしたところへ禅師の故郷《ふるさと》からたよりがあって、おかあさんが年をとり、もうこのごろでは床につききりというありさまだから一度会いに帰ってほしい、といってきました。

禅師はさっそく生まれた家に帰られたのですが、おかあさんは寝床から禅師の顔を見て、

「ほんとにおまえに会いたかった。三十年のあいだわたしは一度もたよりはしなかった。しかし、一日としておまえのことを思わない日はなかった。」

そういわれました。

（一九六四年　六十三歳）

天と地

わたしは「こころ」で三つのお話をしましたが、これはどれもみんな信頼するという気持ちをいったのです。

ここでいっている信頼するというのは疑いをおこさないということです。「信じる」ということの究極はぜんぜん疑いがおこらないということなのです。

ここにわたしの家の花園があります。花はいま一つもありませんが、目の前にみどりの花園がある、と思ってください。そうすると、これは「ある」としか思えないでしょう。感覚があって、それに判断がともなうというだけではありません。だから正確にいえば、それらに加えるに「ある」という実感があるのです。つまり、存在感があるのです。

ところで、あなたの肉体もあります。これも、いろいろなせんさくを抜きにして、いまある、としか思えないですね。それで、いちおうこれも存在感があるといえます。

そうすると、目の前のみどりの花園も存在感、あなたの肉体も存在感です。しかし、この二つの存在感は同じですか。なんだかちがいます。

みどりの花園は、さやかに「ある」。しかし、自分の肉体はあり方がなんだか濁って「ある」。

そのように思えるでしょう。

もうすこしことばを加えますと、花園がある、というのは、「ある」ということに対して、疑いがおこらないのですね。

ところが、肉体がある、というほうを仔細《しさい》に見てください。「ある」ということに疑いをおこしそれをひじょうに強く打ち消して、「ある」と思うのです。

そうなのです。この二種類の「ある」があるのです。

さやかに冴えた「ある」と、否定を打ち消している「ある」です。

一つは光の「ある」、もう一つは、影の「ある」です。影は存在しませんが、しかし、存在するともいえる、その「ある」です。

そのみどりの花園がある、という「ある」が冴えてくると疑いがまったくおこらない。そんなふうな「ある」です。これだけが「ある」という感じなのです。そうしますと、「あるような気がし」たらもうそれでじゅうぶんあることが信じられます。それを確かめたりしません。

確かめるというのは、疑いをおこしてそれをより強く否定する。そうしてはじめて「ある」と思うことです。

そういうあり方だけが、たしかにあることだとたいていの人は思っています。

しかし、それは影の「ある」であってその影をとってしまえば、はじめは「あるような気がする」だけですが、それをじっとよく見ているともっとあるようになるのです。だんだんはっきりしてきて、あるという疑いをともなわない実感になるのです。

人と人とのつながりもそうです。真のつながりは、これを一度疑いそれをより強く否定する、という形式で、確かめたりはしません。それが心の紐帯《ちゅうたい》(1)です。

この「ような気がする」というのをたよりなく思って、影の「ある」を目標にしていたのでは、真・善・美どの道においても向上というものはありません。向上するほど「ような気がする」が自明な「ある」になってくるのです。疑いをおこしてそれを強く打ち消す、という形式ではけっしてそうはなっていかないのです。

なにかいちいち文字に書き表わして、それに認め印までおしてもらわなければ承知できない、そのようにしてはじめて安心するというふうなつながりでは、つながっているということの実感はけっして出てきません。

もう一度いいますと、さきのみどりの花園があるという「ある」と自分の肉体があるという「ある」とは、ことばとしては同じですが、実はまったくちがったものです。

ここの境めがひじょうに大事なところです。さやかにあるという「ある」を「ある」と思っていると軽く澄んで天となり、疑いを強く打ち消す形の「ある」を「ある」と思っていくと重く濁って地となります。だから天地はこの線で分かれるのです。

このけじめがすこしでもわかるような気がしてくれれば、それがあなたの心の夜明けなのです。

（一九六四年　六十三歳）

数学を志す人に

これから数学をやりたいと思っておられる方に何よりもまず味わっていただきたいと思うのはアンリ・ポアンカレー[1]の「数学の本体は調和の精神である」という言葉です。ポアンカレーは一九一二年に亡くなりましたが、彼が数学界を代表したころになって初めて数学自身は、自分というものはこういうものだという自覚に達したといえましょう。

ここにいう調和とは真の中における調和であって、芸術のように美の中における調和ではありません。しかし同じく調和であることによって相通じる面があり、しかも美の中における調和のほうが感じとりやすいので、真の中における調和がどんなものかをうかがい知るにはすぐれた芸術に親しまれるのが最も よい方法だと思います。

したがってまた、数学の目標とするところは、真の中における調和感を深めることよりほかにはありません。調和感を深めるとはどういうことか、ひとつ例をあげましょう。ふつう三次方程式の解き方はタルタリアの解法と呼ばれています。タルタリアというのは「どもる人」という意味だそうで、文芸復興の初期の人ですが、戦争に巻きこまれて兵隊に舌を切られたためにこんなあだ名で呼ばれるようになったということです。

ところで、私は三次方程式を解く必要ができたのに解法をすっかり忘れてしまったことがあります。そのとき、ちょうどよい機会だと思って自分で解き方を考えてみたのです。すると三日かかって全然別の解法が発見できました。タルタリアのほうが手ぎわよくやっているのですが、ともかく私にも解き方は見つけられたわけです。そこで考えてみるのに、タルタリアの解法というのは一代の天才が一生を賭《と》して解いたものなのですが、三次方程式に取り組んだのは彼だけでなく、同時代の多数の数学者がこれにぶつかり、その中でタルタリアがうまく賭《か》けを当てたのだといえます。文芸復興期の人たちにとっては実に一生かかっても解けるかどうかわからないという難問だったのです。その問題がわずか三日間で解けたのはなぜか。それがこの四百年間に数学の調和感というものがそれだけ深まったためだと考えられるのです。調和感が深まれば可能性の選び方、つまりは「希望」というもののあり方が根本的に変わってくるわけで、速く解けるのは当然だといえましょう。そして数学の目標はそこにあるということができます。

私には調和が一段階深まればだいたい三十倍の速さで解答が出るという気がします。タルタリアから私たちの時代までは三段階ばかり深まっているという感じで、したがってあのころの人たちは三十倍の三乗、すなわち二万七千倍かかっていることになります。三日の二万七千倍といえばざっと二百二十五年です。これはもちろんタルタリアが二百二十五年かかって解いたなどということではありません。あの時代の最もすぐれた数学者たちが三次方程式を解くために費やした時間を合わせれば二百二十五年になるに違いないということであります。ついでにいえばタルタリア以後、四次方程式は問題なく解け、五次方程式のところでまたつまずきます。多勢の天才的な数学者がこれに取り組むのですが、みんなうまくゆかず、十九世紀にアーベル[2]が出て、代数的なやり方では決して解けないということを証明するまで、むなしい努力が続けられたのです。

ところであなた方は、数学というものができ上がってゆくとき、そこに働く一番大切な智力はどういう種類のものであるかを知らなくてはなりません。それにはやはりポアンカレーの「科学と価値」が大いに参考になると思われます。この中でポアンカレーは数学上の発見が行なわれる瞬間をよく見る必要があると述べて、自分の体験からそれはきわめて短時間に行なわれること、疑いの念を伴わないことを特徴としてあげています。こんなふうな特徴を備《そな》えた智力、それが数学にとって必要な智力といえるわけです。

こうした智力はそれではどのようにして養うことができるでしょうか。ふつう考えられるように、数学が上達するためには大脳前頭葉《ぜんとうよう》を鍛練しなければならないのはいうまでもありません。しかし、その鍛練の仕方が大切だということは案外に気づかれていないようです。ちょうど日本刀を鍛えるときのように、熱しては冷やし、熱しては冷やしというやり方を適当に繰り返すのが一番いいのです。そしてポアンカレーのいう智力も、冷やしているときに働くものなのです。

また例をあげましょう。私が中学生のころ、数学の試験は答案を書き終わってからも間違ってないかどうか十分に確かめるだけの時間が与えられていました。それで十分に確かめたうえに確かめて、これでよいと思って出すのですが、出して一歩教室を出たとたんに「しまった。あそこを間違えた」と気づくのです。そうして、しおしおと家路につくのです。たいていの人はそんな経験がおありでしょう。実は私などそうでない場合のほうが少ないくらいでした。教室を出て緊張がゆるんだときに働くこの智力こそ大自然の純粋直観とも呼ぶべきものであって、私たちが純一無雑に努力した結果、心情によく澄んだ一瞬ができ、時を同じくしてそこに智力の光が射したのです。そしてこの智力が数学上の発見に結びつくものなのです。しかし、間違いがないかどうかと確かめている間はこの智力は働きません。

ところが、いまは冷やすほうを抜きにして熱してばかりいるように思われます。かまに入れてたき続けているものだから、大脳前頭葉は過熱状態に陥っています。これでは最も大事な調和の精神は得られません。その弊害は顔つきが変わってしまうほどひどいもので、最近のローティーンの人たちの顔つきを注意してながめたところ、鼻のかっこうが以前より著《いちじる》しく違ってきたのに気がつきました。それは大脳前頭葉に間断なく微弱な刺激を与えるような教え方をしためではないかと思っているのですが、私は蓄膿《ちくのう》の鼻というのがこんなのではないかなと連想せざるを得ません。おそらくお医者さんもそういうでしょう。もちろん眼つきだって変わります。これ以上ひどくなると顔つきというより「無表情」というものになりはしないかと思います。文部省が一斉《いっせい》学力調査をするのならば、どれだけの文字を覚えているかといったことよりも、連想力を調べてほしいものです。嗅覚《きゅうかく》の中心は連想力の有無に深く結びついているに違いないのですから。

過熱のはなはだしいのはタイプライターを打ち続けるといった動作、瞬時の休みなしに続けられる機械的な動作の場合で、こういう職種の人には適当に休息を与えるとか特別な配慮がぜひ必要ではないかと思います。それでもおとなの場合はまだいいのですが、知覚も発達していない幼児に楽譜からキイへと目まぐるしく頭を働かせるピアノを習わせるといったことはどうでしょうか。正直のところ早期の珠算教育とともに私は疑問を抱いているのです。

別のいい方をすれば、絶えずきれぎれの意志が働き続けるのが大脳の過熱で、この意志が大脳前頭葉に働くのを抑止しなければ本当の智力は働かないということです。この本当の智力というのは、本当のものがあればおのずからわかるという智力で、いわば無差別智であります。自分が知るというのでなく、智力のほうから働きかけてくるといったものです。これにくらべれば、こちらから働きかけて知る分別智はたかのしれたものといえましょう。

せんだって和歌山市に講演に行ったとき、泊った宿屋の女主人から「うちの子には珠算もピアノも生け花も舞踊も習わせています。まだ足りないでしょうか」とたずねられ、しかもその子が小学校にはいったばかりの幼な児だと聞かされたときは全くびっくりしました。そうでなくてもいまの学校は宿題が多すぎるのです。どうもこの人は子供の時間を残りなく何かで塗りつぶさなくてはいけないと思っているらしい。しかし人は壁の中に住んでいるのではなくって、すき間に住んでいるのです。むしろ、すき間でこそ成長するのです。だから大脳を熱するのを短くし、すき間を長くしなければとうてい智力が働くことはできまいと思われます。

また一つ二つ私自身の経験を申しあげましょう。小学校のころ、父がバナナのかっこうをしバナナのにおいのする菓子を買って来ましたが、比較的おいしいのでお客さん用にしようということになり、カンに入れてしまってありました。そうしてお客さんが来ると私たち子供も分けてもらっておりました。それで、お客さんが来ればよいのになあと思い、来るとああよく来てくれたと大喜びするというふうでした。

何もないという状態のところに、お菓子がカンの中にはいっていた。そのうえに客が来て菓子を食べているという状態があった。だからそのころはお菓子がおいしかったわけです。

ところが、どうもいまは大脳前頭葉の熱し続け、お菓子の食べ続けで、何を食べてもおいしくないのは無理もありません。おいしいお菓子があって、それを食べるとおいしいというところから始めると、手軽でよいと思われるかもしれませんが、こうやって始めると、最初より二度目、二度目より三度目と段々刺激を強くしていかないと、同じようにおいしいとは思えなくなってしまいます。このやり方は花屋の花のように根がついていないのだということができるかもしれません。本だって読むことより読みたいと思うことのほうが大切なのです。

ボタンの花はよほど長くても十日間ぐらいで散りますが、咲き終わると同時に木の内部に新たにつぼみが作られ、このつぼみが一年かかって生長してまた美しい花を咲かせるのです。咲く期間はきわめて短いが、木の中にある期間は実に長い。これが自然というものなので、人の場合でもやはり長い準備期間が必要ではないかと思われるのです。数学を本当におやりになろうとする方は、木の中につぼみを作るのが大切であると申し上げておきましょう。

ところで、数学と人類全体の福祉、利益との関係はどうなっているのでしょうか。以前は数学は計算も受け持たなくてはならなかったのですが、最近機械が発達して機械的なものは機械にやらせればよいようになってきました。やがて論理学も人がやらなくてすむようになるでしょう。こうなると数学の役目というのは機械にはできないことをやるということになります。それは調和の精神を教えるということであります。

ちょっと世相を見て下さい。ポアンカレーが死んでからいままでちょうど五十年たっていますが、この五十年間は一口にいえば大仕掛けな戦争ばかりやってきました。戦闘そのものが行なわれていないときでも、大戦の直前か直後かのいずれかであって、世の中が何だかざわざわしているのには変わりありません。戦争ばかりといえるゆえんです。こうなった原因は何でしょうか。

私はそれは調和の精神なしに科学を発達させたのが原因だといえると思います。一八一〇年ごろというと、インドの沼でコレラの原虫が発見されたころで、いわば科学の黎明《れいめい》の時期ですが、この後百年ほど科学が発達するともう大戦争が始まっているのです。だいたい、科学の発達で人類はいろいろな利益を得ているようにみえますが、案外そうでないかもしれない。数え上げて見ると、細菌を殺して人体を病気から守ること、化学肥料を使ってお米をたくさんとることなどは確かに利益を与えておりますが、これ以外に大きなものはないかもしれません。鉄道の発達なども大きな利便であるようにみえますが、人がみな車に乗っているのに自分だけ歩くというのなら確かに不便でしょうが、みなと一緒に歩いているのならば大して不便というほどではないに違いない。乗り物の発達などはあまり重視しないほうがいいと思われます。

利益に対して、害のほうはというと、戦争一つだけでも実にたっぷりと害があります。いま世界が二つに割れて相争っているのも、科学が機械を生み、その機械が科学をないがしろにしているることの結果です。しかも、その害はこれからどこまで大きくなるかわからないという現状にあるのです。いまの世の姿はギリシャ時代からローマ時代に移ったときとそっくりだと思いますが、文芸復興まで二千年間ローマ時代の文化の状態が続いたことを考えると、これからやはり二千年間はローマ時代が続くのかもしれません。五十年間でこんなありさまになったのですから、その四十倍というとどんなひどいことになるか、想像もつきません。ただ一つ確信を持っていえることは、人類はこんな大きな試練にはとうてい耐え得ないということでありますす。いま、真の中における調和を見る目がどれほど必要とされているかがおわかりのことと思います。

こういう世相にあって、のんきな数学などは必要ないと思う方もあるかもしれません。しかし、数学というものは闇《やみ》を照らす光なのであって、白昼にはいらないのですが、こういう世相には大いに必要となるのです。闇夜であればあるほど必要なのです。このことをどうかしっかりと考えていただくようお願いしておきます。

（一九六三年　六十二歳）

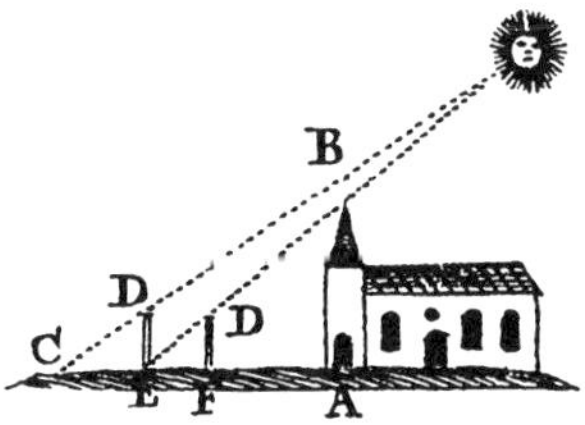
B
D
D
C
E
F
A

春宵十話

人の情緒と教育

私はなるべく世間から遠ざかるようにして暮らしているのだが、それでも私なりにいろいろ感じることがあり、世間の人に聞いてほしいと思うこともある。それを中心にお話ししてみよう。

これは日本だけのことでなく、西洋もそうだが、学問にしろ教育にしろ「人」を抜きにして考えているような気がする。実際は人が学問をし、人が教育をしたりされたりするのだから、人を生理学的にみればどんなものか、これがいろいろの学問の中心になるべきではないだろうか。しかしこんな学問はまだないし、医学でも本当に人を生理学的にみようとはしていない。それをめざしているのかもしれないが、それにしては随分《ずいぶん》遅れている。

人に対する知識の不足が最もはっきり現われているのは幼児の育て方や義務教育の面ではなかろうか。人は動物だが、単なる動物ではなく、渋柿《しぶがき》の台木《だいぎ》に甘柿の芽をついだようなもの、つまり動物性の台木に人間性の芽をつぎ木したものといえる。それを、芽なら何でもよい、早く育ちさえすればよいと思って育てているのがいまの教育ではあるまいか。ただ育てるだけなら渋柿の芽になってしまって甘柿の芽の発育はおさえられてしまう。渋柿の芽は甘柿の芽よりずっと早く成育するから、成熟が早くなるということに対してもっと警戒せねばいけない。すべて成熟は早すぎるよりも遅すぎるほうがよい。これが教育というものの根本原則だと思う。

戦後、義務教育は延長されたのに女性の初潮は平均して戦前より三年も早くなっているという。これは大変なことではあるまいか。人間性をおさえて動物性を伸ばした結果にほかならないという気がする。たとえば、牛や馬なら生まれ落ちてすぐ歩けるが、人の子は生まれて一年間ぐらいは歩けない。そしてその一年の間にこそ大切なことを準備している。とすれば、成熟が三年も早くなったのは、人の人たるゆえんのところを育てるのをおろそかにしたからではあるまいか。ではその人たるゆえんはどこにあるのか。私は一にこれは人間の思いやりの感情にあると思う。人がけものから人間になったというのは、とりもなおさず人の感情がわかるようになったということだが、この、人の感情がわかるというのが実にむずかしい。赤ん坊の心の大きくなり方を観察しても、最も難渋をきわめるのがここのところで、なかなか感情がわかるまでにならない。人類が人の感情がわかるようになるまでには何千年どころではなく、無限に近い年月を要したに違いないと思われるくらいにわかりにくい。数え年で三つの終わりごろから感情ということがややわかるが、それはもっぱら自分の感情で、他人の感情がかすかにわかりかけるのは数え年で五つぐらいのころからのようだ。その間二年ばかり足踏みしていることになる。しかし、そのデリケートな感情がわからないうちは道義の根本は教えられない。

私も最近、最初の孫を持って、無慈悲を憎む心や思いやりの気持を持たせようと思い、感情がいつわかるようになるかと手ぐすねひいて待っているが、なかなかわからない。といって、いわゆるしつけは一種の条件反射で、害あって益のないものだからやりたくないが、あまり気ままの雑草が生い茂っても困るので、しつけをせねばならないのだろうかと悩んでいる。やはり心を育てる時期はあるに違いない。それは植物でも茎、枝、葉が一様に平均して育つのではないのと同じことである。ある時期は茎が、ある時期は葉がおもに伸びるということぐらいは、戦時中みんなカボチャを作ったから知っているはずだが、人間というカボチャも同じだとは気がつかず、時間を細かく切ってのぞいて、いいとか悪いとか、この子は能力があるとかないとかいっている。

どうもいまの教育は思いやりの心を育てるのを抜いているのではあるまいか。そう思ってみると、最近の青少年の犯罪の特徴がいかにも無慈悲なことにあると気づく。これはやはり動物性の芽を早く伸ばしたせいだと思う。学問にしても、そんな頭は決して学問には向かない。夏目漱石の弟子の小宮豊隆《とよたか》さんと寺田寅彦《とらひこ》先生の連句に、小宮さんが「水やればひたと吸い入る墓の苔《こけ》」と詠《よ》み、寺田先生がこれに「かなめのかげに動く蚊柱」とつけたのがある。小宮さんはこれを評して寅彦のつけ方のふわっとしていることは天下一品だといっているが、それはともかく、ちょうどこんなふうに、乾いた苔が水を吸うように学問を受け入れるのがよい頭といえる。ところが、動物的発育のためにそれができない頭は、妙に図太く、てんで学問なんか受け付けない。中学や高校の先生に聞いても、近ごろの子はそんなふうに教えにくいといっている。

いま、たくましさはわかっても、人の心の悲しみがわかる青年がどれだけあるだろうか。人の心を知らなければ、ものごとをやる場合、緻密《ちみつ》さがなく粗雑になる。粗雑というのは対象をちっとも見ないで観念的にものをいっているだけということ、つまり対象への細かい心くばりがないということだから、緻密さが欠けるのはいっさいのものが欠けることにほかならない。長岡半太郎さんが寺田寅彦先生の緻密さについてふれていたが、文学の世界でも、寺田先生の「藪柑子集《やぶこうじしゅう》」特にその中の「団栗《どんぐり》」ほどの緻密な文章はもういまではほとんど見られないのではなかろうか。

情緒が頭をつくる

頭で学問をするものだという一般の観念に対して、私は本当は情緒が中心になっているといいたい。人には交感神経系統と副交感神経系統とあり、正常な状態では両方が平衡を保っているが、交感神経系統が主に働いているときは、数学の研究でいえばじわじわと少しずつある目標に詰め寄っているときで、気分からいうと内臓が板に張りつけられているみたいで、胃腸の動きはおさえられている。副交感神経系統が主に働いているときは調子に乗ってどんどん書き進むことができる。そのかわり、胃腸の動きが早すぎて下痢をする。

最近、ある米国の医学者が犬を使って交感神経系統を切断する実験をやったが、結果は予期したとおり下痢を起こし、大腸に潰瘍《かいよう》ができた。人でも犬でも、根本の生理は変わらない。感情に不調和が起こると下痢をするというが、本当は情緒の中心が実在し、それが身体全体の中心になっているのではないか。その場所はこめかみの奥のほうで、大脳皮質から離れた頭の真ん中にある。ここからなら両方の神経系統が支配できると考えられる。情緒の中心だけでなく、人そのものの中心がまさしくここにあるといってよいだろう。

そうなれば、情緒の中心が発育を支配するのではないか、とりわけ情緒を養う教育は何より大事に考えねばならないのではないか、と思われる。単に情操教育が大切だとかいったことではなく、きょうの情緒があすの頭を作るという意味で大切になる。情緒の中心が実在することがわかると、劣等生というのはこの中心がうまくいってない者のことだから、ちょっとした気の持ちよう、教師の側からいえば気の持たせ方が大切だということがわかる。また、学問はアビリティーとか小手先《こてさき》とかでできるものではないこともわかるだろう。

いまの教育に対する不安を述べると、二十歳前後の若い人に、衝動を抑止する働きが欠けていることである。抑止の働きは大脳前頭葉《ぜんとうよう》の働きで、大脳前頭葉を取り去ってもなお生命は保てるが、衝動的な生活しか営《いとな》めない。試験のときでも、意味も十分わかっていないのにすぐ鉛筆をとって書き始めるなどは衝動的な動作だ。だから衝動の強く働いている現状は、一般に大脳前頭葉の発育不良といえる。西洋流の教育は一口にいえば大脳の発育が中心で、父兄もそう思っている。まあいまは就職のほうへ気持がいってしまっているから、どうか知らないが、少なくとも最近まではそうだった。にもかかわらず、教育の結果は大脳前頭葉の発育不良という形で出ている。もうしばらくすると、こんなのが日本人だということになりかねない。そこで教育の根本を変えてもらいたいが、大きな汽船が綱で和船をひっぱっているときと同じで、教育は徐々に変えなければ混乱が起こる。だから、いまの世代については直しようがない。その世代が社会の中堅になったとき困らないように、年下でしっかりした世代を養成するほかないが、そのとき混乱を起こさないためには、いまから年齢などにあまり重点をおかない習慣をつけるほうがいいだろう。年長者を大事にしろというしつけをしていると、将来困ることが起きるかもしれない。

さきに副交感神経系統についてふれたが、この神経系統の活動しているのは、遊びに没頭するとか、何かに熱中しているときである。やらせるのでなく、自分で熱中するというのが大切なことなので、これは学校で機縁は作れても、それ以上のことは学校ではできない。戦争中、小さな子から遊びをとりあげてしまい、戦後まだ返してやってないが、これでは副交感神経系統の協力しているノーマルな大脳の働きは出ないのではなかろうか。こうしたことが忘れられているのは、やはり人の中心が情緒にあるというのを知らないからだと思う。

教育だけではない。たとえば国語問題でもそうだ。この二月に二番目の孫ができ、名前をつけてくれというので考えたが、当用漢字だけで名をつけろというのには弱った。人名用漢字というのもあるが、これは「虎」や「熊」や「鹿」ばかりでどうにもならない。当用漢字は一般的にいって、ムードとかふんい気とかをあらわす字を削り、具体的な内容を持った字だけを残した。「悠久」という文字が私は大好きだが、「久」は当用漢字にあっても、時間を超越した感じをあらわす「悠」のほうはない。二月生まれだから「もえいずる」の意味で「萌」の字を使いたかったが、これも当用漢字にないので仕方がなかった。

日本語はものを詳細に述べようとすると不便だが、簡潔にいい切ろうとすると、世界でこれほどいいことばはない。簡潔ということは、水の流れるような勢いを持っているということだ。だから勢いのこもっている動詞を削ったり、活用を変えたりするのには賛成できない。ともかく、感じをあらわす字を全部削ったのは、やはり人の中心が情緒にあることを知らないからに違いない。

数学の思い出

私は数学を専攻しているので、人に小学校のころから数学がよくできたんじゃないかといわれる。しかし小学校で数学がよくできたような記憶は一つ二つしかない。いまは橋本市内になっている郷里紀見《きみ》村の柱本《はしらもと》小学校に二年生の中ごろまでいて、それから大阪市北区の菅南《かんなん》小学校に移ったが、三、四年生のころ、父に国語の学習帳の書き方がきたなく、それにしまいまで書いてないと注意されたことがある。そのとき「お前は算術は終わりまできちんと書いているではないか。それは算術のほうができるからだ」といわれた。また、四年生のとき、先生からいくつかの算術の問題を早く正しく解く競争をさせられ、私は二番だった。一番は高浜という銀行家の息子だったが、早かっただけで小数点を打ってなかった。それで先生はいくらなんでもあんまりだといって私を一番にしてくれた。筆や墨の遺失品を束ねたのが賞品で、お前が一番先にほしいのを選べというのが一等賞だったが、ぐずぐずしていて先生にせかされ、太い筆や墨のまじったのを選んだ。高浜は筆ばかりの束を選び、あとで、こないだのよく書けるぞといったが、自分のはちっとも書けなかったのをいまだに覚えている。

　そのころは計算問題より応用問題のほうがよくできたが、六年になると応用問題にむずかしいのがあり、碁石算や鶴亀算《つるかめざん》(1)がみなうまく解けた記憶がない。県立粉河《こかわ》中学の入試にも落ちてしまった。もっともこれは算術が特に悪かったというわけではなかったが。そのころの記憶から数学的素質を拾うと、確かに応用問題はあまりうまく解けなかった。

同じような素質が時間を隔てて現われるという例をあげれば、大学卒業後、フランス留学中にある研究をやり、結果がまとまったと思って、親切なことで有名だったソルボンヌのフレッセ教授に論文を見せると、教授は同僚のダンジョワ教授を連れて来て紹介した。ダンジョワ教授は私の論文を読むと隣室に行き、科学全般にわたっての新しいアイディアを載せている雑誌「コント・ランジュ」の一冊を持って来て、黙ってある部分を私に示した。それはダンジョワ自身の文章で、標題と冒頭の数行を見ただけで、私と同じテーマをあつかいながら正反対の結論を出していることがわかった。私は耳まで真っ赤になり、テーブルに顔をふせたまま上げられなかった。フレッセはその私に「ダンジョワはこちらの方面のオーソリティーなのだから」と慰め顔にことばをかけ、ダンジョワと一緒に部屋を出て行った。私はこの日の情景を、両教授の思いやりにあふれた態度とともに、あざやかに覚えている。

一年間高等小学校に通って、二度目に粉河中学にはいり、中学二年のとき初めて代数を習ったが、この年の三学期の学年試験では五題のうち二題しかできなかった。私はいつも一番むずかしそうな問題からとりかかるのだが、このときも最初に最もむずかしいのに取り組んだところ、一学期に解法を習ったのに忘れてしまっていた。それであせった結果、他の問題まで間違えてしまったわけだ。三学期の試験が最も重視されていたため、結局、この年の代数の平均点は六十八点というみじめなことになった。試験がすんで郷里へ帰ったが、この不成績が気にかかってくよくよしていた。ところが、ある朝、庭を見ていると、白っぽくなった土の上に早春の日が当たって春めいた気分があふれていた。これを見ているうちに、すんだことはどうだってかまわないと思い直し、ひどくうれしくなったことを覚えている。

ついでにいうと、土の色のあざやかな記憶はもう一つある。中学一年のとき、試験の前夜遅くまで植物の勉強をやり、翌朝起きたところ、気持がさえないでぼんやりとしていた。ところが、寄宿舎の前の花壇が手入れされてきれいになり、土が黒々としてそこに草花がのぞいているのが目にはいると、妙に気持が休まった。日ざしを浴びた土の色には妙に心をひかれてあとに印象が残るようである。

これらはあまりできなかったほうの話だが、こんどは数学へ心を向けた話をしよう。中学三年のとき、脚気《かっけ》になったので寄宿舎を出て郷里から通うことにしたが、いつも試験の始まる一週間前からしか勉強をしなかったので、家ではすることがなくて退屈で困った。しかも家にあった本は「西遊記」「真書太閤記《しんしょたいこうき》」(2)「近世美少年録」等々と手当たりしだいに高等小学校時代にみな読んでしまっていた。

そんなわけで法律書や漢文の歴史書以外は何も読み残してなかったが、一つだけ残っていたのが、十九世紀の英国の数学者、クリフォードのものを菊池大麓《だいろく》が訳した「数理釈義」だった。第一章〔節〕の標題は「物の数はこれを数うるの順序にかかわらず」第二章〔節〕は「物の数はこれを加うるの順序にかかわらず」といった調子の大分変わった本だったが、わからないところがおもしろくて読みふけった。その中で一つだけ非常に印象的なものがあった。それは「クリフォードの定理」で、奇数個の直線は円を決定し、偶数個の直線は点を決定し、直線の数をいくらふやしてもそれは変わらないといった定理だったが、これがいかにも神秘的に思えた。その後も実にいろいろな定理や問題に出会い、そのたびに解ける限りは解いてしまったが、この定理だけは、いまだに証明しようと思ったことがない。証明してしまえば当たり前のことになって神秘感がうすれるからである。

けれども当時は、しばらくあたためていたあとで、どうにも気になり、本当にそうなのかやってみようと図を描き始めた。すると実に大変な手間で、直線をだんだんふやして七本のところまで描くのがせいいっぱいだった。三学期の初めから期末試験が始まるまで描き続けていたので、二か月ほどクリフォードの図ばかり描いていたことになる。しかし、いま思うと、これが私に数学の下地を一番つけてくれたのに違いない。

こんなことばかりしていて、試験のほうはどうやっていたのか、ということになるが、試験は全部まる暗記ですませていた。まる暗記の力では私は人よりすぐれていた。つまり、いっぺん覚えたら忘れないという力でなく、しばらくの間覚えているというずるい力だが、この力は場合によっては随分大切ではないかと思う。練習してのばすとすれば中学三年生ごろが適当で、あとでは伸びないものだ。ただ私はこの力はぜひ必要だと思っているが、中学三年生以上の人に話すと、もう手遅れかとがっかりすると思うので、あまり人にはいわないことにしている。

数学への踏み切り

数学を志した経歴についてもう少し続けよう。中学の五年生のとき、冬休みの少し前から「完全四辺形の三つの対角線の中点は同一直線上にある」というのを証明する問題を、家の出口のたたきのところで、消し炭を使って図を描いては考えこんでいた。これを冬休みにはいっても続けていたところ、正月前にとうとう鼻血を出してしまい、まるで睡眠薬中毒みたいにこのあとずっと気分が悪くなって、冬休み中はなおらなかった。しかし、こんなことがあってから、かなりよく考えるようになったと思う。

三高にはいって一年生のとき、数学の杉谷岩彦先生の問題がひどくおもしろかったが、これだけでは物足りなくて、東北大学から出ていた「東北数学叢書」を片っぱしから読んでは解いた。実におびただしく解いたように思うが、いまから考えると、実際は全体の半分くらいだったのではなかろうか。この叢書をそのまま持っていればわかるのだが、大学卒業後間なしに、旅行のために金が足りなくなって、古本屋を連れて来て蔵書を売り払ってしまったので、はっきりしたことがわからない。

ともかく、数学の問題をこれほど解きたかったのは、この一、二年間だけだった。オタマジャクシでも、にょきにょき手足が出る時期があるように、問題を解きたくなるのにも時期があるわけだろう。

この三学期に同じ杉谷先生から方程式の解法について「五次方程式から先はこのやり方では解けない。アーベルの定理といって、解けないことがちゃんと証明されている」といわれ、また先生は「君たち大部分はどうせ工科へいくのだろうが、理科へ進む人があれば、大学ではこの定理を教わるだろう」と付け加えられた。私たちは理科甲類で、大学は工科へ進むのが普通だったので、何気なくいわれたのであろうが、私はそんないい方をされたことにひどく腹を立てたのを覚えている。そうして、この定理の話が日がたつにつれて印象鮮明となり、「解けないことを、いったいどう証明するのだろう」と考えこんだ。もともと私は将来工科に進もうと思っていたが、このころから疑問を持ち始めた。工科志望といっても、学問の世界で貢献できる自信がなかったから大部分の人たちと同じ無難な道をいこうと漠然と考えていただけだったうえに、用器画もうまく描けないし、工場設計法、工場見学なども好きではなかった。こんなところから、とても工科向きではないと思い直すようになったわけだ。

そのうち高校三年生のとき、近くアインシュタイン(3)が日本に来るというので大さわぎになった。日本では万事、当日より前夜祭のほうをにぎやかにやるのが例だから、このときが確か来日の前年だったと思うが、アインシュタインの影響で、大学は理科を選ぶ者が同級生に十人くらい出た。これにまじって私も京大理学部の物理学科にはいった。ところがはいってみると、物理は好きになれなかった。「実験が下手《へた》だから」と自分では答えていたが、実際はアーベルの定理のほうが高尚《こうしょう》な気がしたからだった。これはクリフォードや杉谷先生の影響だったに違いない。それでも初めから数学を選ばなかったのは、物理のほうがまだしも学問に貢献しやすいと思ったからで、数学ではその自信が持てなかった。それほど数学を専攻することには臆《おく》病《びょう》だった。

しかし、物理学科一年生のとき、講師の安田亮先生の講義を聞いたのが数学科へ移るきっかけになった。期末試験の先生の出題は二題とも応用問題だったが、私のくせで、むずかしいほうから取り組み、一題に二時間のほとんどを使ってようやくわかった。あんまりうれしくて

「わかった」と大声で叫んでしまい、前の席の学生はふりかえるし、監督に来ていた安田先生にも顔を見られるし、きまりの悪い思いをしながら大急ぎで鉛筆をとった。このあとも試験があったが、とても受ける気がしないので放り出して、ぶらぶら円山《まるやま》公園に行き、ベンチに仰向けに寝て夕暮れまでじっとしていた。それまでずっと、変にうれしい気持が続いていた。これが私にとっての数学上の発見、むしろ証明法の発見の最初の経験だった。そこで、やれば少しぐらいはできるかもしれないと思って、数学科に転科することに踏み切ったわけである。いま考えても、あれは実によい問題だった。そうでなければ教室で「わかった」などと叫ぶような生理現象は伴わなかったに違いない。

数学科の二年間というものは、先生方の講義が実におもしろく、一日一日と眼が開いてゆくような気がした。ところが、卒業前の試験に口頭試験があると聞いて、それに備《そな》えて数学科で習ったことを私の例のやり方でまる暗記してしまったが、そのとき睡眠薬を用い始めたのがきっかけで、睡眠薬の中毒にかかり、卒業してから約二年間というものは何もしなかったように思う。といっても、すぐ講師になったので、教えるという機械的なことはやっていたが。そのあとさらに二年たって、一九二九年からフランスへ留学することになった。

ついでだが、私は昭和何年とか大正何年とかいわないで、すべて西暦でいうことにしているが、これは私が一九〇一年生まれで、千九百何年といえば年齢と一致して非常にわかりやすいためである。

フランス留学と親友

留学の決まったとき、フランスを希望したところ、文部省はドイツへ行けといった。当時、私が聞きたかったのはソルボンヌの教授だったガストン・ジュリア[4]の講義で、ドイツには先生にしたい人はだれもいなかった。それでジュリアの講義を聞くためにどうしてもといってフランスに決めてしまった。だれだれの話を聞くというので留学するのだから、よその国ではだめなのに、文部省はそんなこともわからなかったらしい。これも「人」というものが忘れられている例で、どの人がしゃべったかが大切なのであって、何をしゃべったかはそれほど大切ではない。

インド洋回りの北野丸という船で四十日かかって行ったが、船長は、事務長の話によると乗客の安全を第一にするというよりも、少々危険でも本当におもしろいところを見せてくれるというタイプで、花合わせ(5)の好きな人でもあった。船ではドクターに非常にかわいがってもらい、遊びづめに遊んだ。碁、将棋《しょうぎ》、マージャン、そのほかは食べるのと風呂にはいるだけという毎日だった。港へ着けば遊び相手がみな上陸してしまうので、着かないほうがよいと思ったくらいだった。船長の名もドクターの名も覚えてないが、かわいがられながら名前も忘れてしまうような抜けたところが気に入られたのだろう。船長は向こうへ着けば、以前に起こした事故のため海難審判を受けることになっており、また北野丸もこの航海を最後に廃船となって、乗組員も解散してしまったので、もう名前を知ることもできないが、ご存命ならお会いしたいものだと思う。

　実は乗船の前に微熱があり、医者とぐるになってごまかして乗ったのだが、この航海ですっかり治ってしまった。いまから思えば、オゾンの働きというより、交感神経的生活から副交感神経的生活に切りかえたことで、失われていたバランスが自然に回復されたのだろう。あとから理屈をくっつけるのはいやだが、解釈すればそういうことになろう。ともかく、大海の中をゆっくりゆっくり進むのだから実に快適だった。それにくらべると近ごろの旅行は飛行機だからおもしろくないに違いない。上から下を見ていたって、ちっともおもしろくないだろう。

パリではこの間亡くなった中谷《なかや》宇吉郎《うきちろう》(6)さんと知り合い、中谷さんの筋向かいの部屋に陣取って、二週間ほど毎晩、中谷さんから寺田寅彦先生の実験物理の話を聞いたが、これが後々私の数学研究に大きな影響を与えたと思う。フランス文化の第一印象といえば、ホリベリゼーの踊り子たちが宝塚と全然違うことだったが、それを口に出すと、案内役の中谷さんが「あれはアングロサクソンだよ」といった。また、公園の芝生の緑色が実にきれいなのにも感心した。

しかし、フランス文化についていえば、当時の私にはフランスから格別学ぶべきものがあるとは思えなかったし、数学の分野でもそう信じていたから、しばらく慰みに映画ばかり見ていた。それもフランス映画は美術写真を並べたものにすぎないと思って、西部劇ばかり見ていた。西部劇といっても、あのころのはピストルを主にしたものではなくて、馬を主にしたものだったが。本当はフランス文化はそんな浅薄なものではないのだが、それは日本に帰ってからわかったことで、帰国後、ルネ・クレール[7]の作品に熱中したことがある。いや、実は帰国直前に、船の切符を買ってから、たまたまマチス[8]展を見学し、マチスという画家の形成されてゆく過程を数多いデッサンを通じてつぶさに知り得て、非常に感心したのだが、そのときはもう乗船の時間がせまっていた。ともかく私は数学専攻に踏み切るのには臆病だったが、外国の文化を恐ろしいと思ったことはなかった。この点、一般の日本人は逆で、数学というものには恐れを知らなさすぎるくせに、外国文化を恐れすぎる。この誤りをはっきりいっておきたい。

ところで、フランスでの私の最大の体験は、中谷宇吉郎さんの弟の中谷治宇二郎《じうじろう》さんと知り合ったことだ。治宇二郎さんは当時シベリア経由で自費で留学に来ていた若い考古学者で、東北地方を歩き回って縄文土器を集め、長い論文を書いたあとだった。その論文をフランス語で三ページに要約したのがおもしろいので感心したり、とにかくどこかひかれるところがあって親しく交わった。年齢的にもはっきり自分を自覚するという時期よりは前で、自分の長所、短所をはっきりとは知らなかったようだが、何より才気の人で、識見もあった。それよりも、ともに学問に対して理想、抱負を持っており、それを語り合ってあきることがなかった。そのころの彼の句に「戸を開くわずかに花のありかまで」というのがあるが、明らかに学問上の理想を語ったものだろう。

私たちは音叉《おんさ》が共鳴し合うように語り合った。また、一緒に石鏃《せきぞく》(9)を掘りに行ったり、カルナックの巨石文化の遺跡を見に行ったりした。もっとも私は巨石文化はあまり好きになれないので、せっかく行っても、その巨石にもたれて数学の本を読みふけっていたが。

私が洋行で得たものは、日本から離れて時間と空間を超越できたことと、親友とはどんなものかを知ったことである。私は治宇二郎さんと一緒にいたいばっかりに留学期間を一年延ばしてもらった。そして一九三二年に一緒に帰国したが、治宇二郎さんは留学前からの脊椎《せきつい》カリエスがひどくなって、九州の別府に近い由布院で療養生活にはいった。私は夏休みになるとすぐとんでいって病床で話しこんだ。三年目の夏もこうして見舞っているうち、私の娘が急病にかかったという知らせでやむなく滞在を切りあげたが、これが別れとなった。このとき治宇二郎さんが「サイレンの丘越えてゆく別れかな」の句を作ったことをあとで聞いた。

私はこの人が生きているうちはただ一緒にいるだけで満足し、あまり数学の勉強には身がはいらなかった。フランスでの数学上の仕事といえば、専攻すべき分野を決めたことだけで、多変数函数論《かんすう》の分野が、山にたとえれば、いかにもけわしく登りにくそうだとわかったので、これをやろうと決めて帰って来ただけだった。

治宇二郎さんは一九三六年三月に亡くなったが、このあと私は本気で数学と取り組み始めた。私が最初の論文を書いたのもこの年だった。

発見の鋭い喜び

よく人から数学をやって何になるのかと聞かれるが、私は春の野に咲くスミレはただスミレらしく咲いているだけでいいと思っている。咲くことがどんなによいことであろうとなかろうと、それはスミレのあずかり知らないことだ。咲いているのといないのとではおのずから違うというだけのことである。私についていえば、ただ数学を学ぶ喜びを食べて生きているというだけである。そしてその喜びは「発見の喜び」にほかならない。

数学上の発見の喜びとはどんなものかを話してみよう。留学から帰り、多変数函数論を専攻することに決めてから間もなく、一九三四年だったが、ベンケ、ツルレン共著の「多変数解析函数論について」がドイツで出版された。これはこの分野での詳細な文献目録で、特に一九二九年ごろからあとの論文は細大もらさずあげてあった。これを丸善から取り寄せて読んだところ、自分の開拓すべき土地の現状が箱庭式にはっきりと展望でき、特に三つの中心的な問題が未解決のまま残されていることがわかったので、これに取り組みたくなった。実はこのときは百五十ページほどの論文がほぼできあがっていたのだが、中心的な問題を扱ったものではないとわかったので、これ以上続ける気がせず、要約だけを発表しておいて翌三五年正月から取り組み始めた。

当時、勤務していた広島文理大には文献がなかったので、目録にあげられている主要論文の要点を見て自分でやれるものはできるだけ自分で解き、直接文献に当たらねばならないものだけ京大へ行って調べた。

こうして二ヵ月で、三つの中心的な問題が、一つの山脈の形できわめて明瞭になったので、三月からこの山脈を登ろうとかかった。しかし、さすがに未解決として残っているだけあって随分むずかしく、最初の登り口がどうしても見つからなかった。毎朝方法を変えて手がかりの有無を調べたが、その日の終わりになっても、その方法で手がかりが得られるかどうかもわからないありさまだった。答がイエスと出るかノーと出るかの見当さえつかず、またきょうも何もわからなかったと気落ちしてやめてしまう。これが三ヵ月続くと、もうどんなむちゃな、どんな荒唐無稽《こうとうむけい》な試みも考えられなくなってしまい、それでも無理にやっていると、初めの十分間ほどは気分がひきしまっているが、あとは眠くなってしまうという状態だった。

こんな調子でいるとき、中谷宇吉郎さんから北海道へ来ないかという話があり、ちょうど夏休みになったので招待に応じて、もと北大理学部の応接室だった部屋を借りて研究を続けた。応接室だけに立派なソファーがあり、これにもたれて寝ていることが多くて北大の連中にも評判になり、とうとう数学者吉田洋一氏の令夫人で英文学者の吉田勝江さんに嗜眠《しみん》性脳炎というあだ名をつけられてしまった。

ところが、九月にはいってそろそろ帰らねばと思っていたとき、中谷さんの家で朝食をよばれたあと、隣の応接室にすわって考えるともなく考えているうちに、だんだん考えが一つの方向に向いて内容がはっきりしてきた。二時間半ほどこうしてすわっているうちに、どこをどうやればよいかがすっかりわかった。二時間半といっても呼びさますのに時間がかかっただけで、対象がほうふつとなってからはごくわずかな時間だった。このときはただうれしさでいっぱいで、発見の正しさには全く疑いを持たず、帰りの汽車の中でも数学のことなど何も考えずに、喜びにあふれた心で車窓の外に移りいく風景をながめているばかりだった。

それまでも、またそれ以後も発見の喜びは何度かあったが、こんなに大仕掛なのは初めてだった。私はこの翌年から「多変数解析函数論」という標題で二年に一つぐらいの割合で論文を発表することになるが、第五番目の論文まではこのときに見えたものを元にして書いたものである。

全くわからないという状態が続いたこと、そのあとに眠ってばかりいるような一種の放心状態があったこと、これが発見にとって大切なことだったに違いない。種子を土にまけば、生えるまでに時間が必要であるように、また結晶作用にも一定の条件で放置することが必要であるように、成熟の準備ができてからかなりの間をおかなければ立派に成熟することはできないのだと思う。だからもうやり方がなくなったからといってやめてはいけないので、意識の下層にかくれたものが徐々に成熟して表層にあらわれるのを待たなければならない。そして表層に出てきたときはもう自然に問題は解決している。

歴史的にみて、発見の喜びの最も徹底した形であらわれているのはアルキメデス[10]である。彼が「わかった」と叫んで裸で風呂を飛び出し、走って帰ったのは、決して発見が本当かどうかを調べるためではない。発見の正しさに疑いなどを持つ余地は全然なく、ただうれしさのあまりこおどりしていたのに違いない。近代になってアンリ・ポアンカレーが数学的発見について書いている。すぐれた学者で、エッセイストとしても一流だったが、発見にいたるいきさつなどはこまごまと書いているくせに、かんじんの喜びには触れていない。発見の鋭い喜びはギリシャ時代から近代にいたるまでにかなり弱まったのに違いないが、それにしても少しも書かれてないのはふしぎだと思う。もし本当にポアンカレーが発見の喜びを感じなかったとすれば、すでにポアンカレーの受けたフランスの教育はかなり人工的になっていたとみるほかはない。

数学上の発見には、それがそうであることの証拠のように、必ず鋭い喜びが伴うものである。

この喜びがどんなものかと問われれば、チョウを採集しようと思って出かけ、みごとなやつが木にとまっているのを見たときの気持だと答えたい。実はこの〝発見の鋭い喜び〟ということばも、昆虫採集について書かれた寺田寅彦先生の文章から借りたものなのである。

宗教と数学

前回で数学的発見について話したが、発見の前に緊張と、それに続く一種のゆるみが必要ではないかという私の考えをはっきりさせるため、幾つかの発見の経験をふりかえってみよう。

大学卒業後、留学前の時期に下鴨《しもがも》の植物園前に住んでおり、植物園の中を歩き回って考えるのが好きだった。五月ごろだったが、何かのことで家内と口論して家を飛び出し、大学の近くにあった行きつけの中国人経営の理髪店で耳そうじをしてもらっているときに、数学上のある事実に気がつき、証明のすみずみまでわずか数分の間にやってしまった。

その次は夏休みに九州島原の知人の家で二週間ほど滞在し、碁を打ちながら考えこんでいたあとのことで、帰る直前に雲仙岳へ自動車で案内してもらったが、途中トンネルを抜けてそれまで見えなかった海がパッと真下に見えたとたん、ぶつかっていた難問が解けてしまった。自然の感銘と発見とはよく結びつくものらしい。

フランスへ行ってからも二度ほど発見をやっている。セーヌ川に沿ったパリ郊外の、きれいな森のある高台に下宿していたが、ある問題を考え続けながら散歩しているうち、森を抜けて広々としたところへ出た。そこから下の風景をながめていたとき、考えが自然に一つの方向に動き出して発見をした。もう一つはレマン湖畔のトノン村から対岸のジュネーブへ日帰りで見物に行こうと船に乗ったときで、乗ったらすぐわかってしまった。自然の風景に恍惚《こうこつ》としたときなどに意識に切れ目ができ、その間から成熟を待っていたものが顔を出すらしい。そのとき見えたものを後になってから書くだけで、描写を重ねていけば自然に論文ができあがる。

六番目の論文にかかっていたのは広島文理大をやめて郷里の和歌山県に帰っていたときで、難所にさしかかって苦しんでいるうち、台風が大阪湾に向かったことを新聞で知った。引きしぼった弓のような気持でいたらしく、そのときすぐに荒れ狂う鳴門《なると》海峡を船で乗り切ろうと決心し、大阪から福良《ふくら》のほうへ向かう小さい船に乗った。実際は台風はそれてしまったので荒れ狂う海は経験できず、油を流したような水面をながめながら帰ってきたが。というより、台風が来ないと見きわめがついたからこそ船が出航したのに違いないのだが、そんなことはいなかの山の中から出て来てあたふたと乗りこんだ私にはわかりっこなかった。ともかく張りつめた気持が行為に現われたわけである。

このあと翌年六月ごろ、昼間は地面に石や棒で書いて考え、夜は子供を連れて谷間でホタルをとっていた。殺すのはかわいそうなので、ホタルをとっては放し、とっては放ししていた。そんな幕らしをしているうちに突然難問が解けてしまった。これなど気持がゆるんでないと発見できないという例の一つだと思う。インスピレーション型の発見は私の場合ここらあたりまでだった。

七、八番目の論文は戦争中に考えていたが、どうしてもひとところうまくゆかなかった。ところが終戦の翌年宗教にはいり、なむあみだぶつをとなえて木魚《もくぎょ》をたたく生活をしばらく続けた。こうしたある日、おつとめのあとで考えがある方向へ向いて、わかってしまった。このときのわかり方は以前のものと大きく違っており、牛乳に酸を入れたときのように、いちめんにあったものが固まりになって分かれてしまったといったふうだった。それは宗教によって境地が進んだ結果、ものが非常に見やすくなったという感じだった。だから宗教の修行が数学の発展に役立つのではないかという疑問がいまでも残っている。

文化の型を西洋流と東洋流の二つに分ければ、西洋のはおもにインスピレーションを中心にしている。たとえば新約聖書がインスピレーションを主にしていることは芥川龍之介の「西方の人」を見ればよくわかる。これに対して東洋は情操が主になっている。孔子の「友あり遠方より来たる、また楽しからずや」などその典型的なものだし、仏教も主体は情操だと思う。木にたとえるとインスピレーション型は花の咲く木で、情操型は大木に似ている。

情操が深まれば境地が進む。これが東洋的文化で、漱石でも西田幾《き》多《た》郎《ろう》(11)先生でも老年に至るほど境地がさえていた。だから漱石なら「明暗」が一番よくできているが、読んでおもしろいのは「それから」あたりで、「明暗」になるとおもしろさを通り越している。

数学の世界で第二次大戦の五、六年前から出てきた傾向は「抽象化」で、内容の細かい点は抜くかわりに一般性を持つのが喜ばれた。それは戦後さらに著《いちじる》しくなっている。風景でいえば冬の野の感じで、からっとしており、雪も降り風も吹く。こういうところもいいが、人の住めるところではない。そこで私は一つ季節を回してやろうと思って、早春の花園のような感じのものを二、三続けて書こうと思い立った。その一つとしてフランス留学時代の発見の一つを思い出し、もう一度とりあげてみたが、あのころわからなかったことがよくわかるようになり、結果は格段に違うようだ。これが境地が開けるということだろうと思う。

だから、欧米の数学者は年をとるといい研究はできないというけれども、私はもともと情操型の人間だから、老年になればかえっていいものが書けそうに思える。欧米にも若いうちはインスピレーション型でも、年をとるにつれて境地が深まっていくという型の学者はいるが、それをはっきりとは自覚していないようである。

学を楽しむ

日本民族は昔から情操中心に育ってきたためだろうが、外国文化の基調になっている情操の核心をつかむのが実に早い。聖徳太子の「法華経〔ママ〕義《ぎ》疏《しょ》(12)」などは太子一代で仏教の核心をつかんでしまっている。中国古代の文学にしても「舜《しゅん》、四門に礼す、四門穆々《ぼくぼく》たり」とか、「七絃の琴を弾じ、南風の歌をうたう」とかいったことばにあらわれている情操は、いまの日本人にもぴったりとくる。しかし、西洋文化についてはそんなにわかりが早くはない。特にギリシャに由来するものは、西洋文化と接触を始めてからかなり年月がたつのに、まだよく日本にはいっていない。

ギリシャ文化の系統といっても、二つの面がある。一つは力が強いものがよいとする意志中心の考え方である。芥川龍之介が「ギリシャは東洋の永遠の敵である。しかし、またしても心ひかれる」と表現し、また私の親友だった考古学者、中谷治宇二郎が「ギリシャの神々は岩山から岩山へと羽音も荒々しく飛び回っていた。しかし、日本の神々は天の玉藻《たまも》の舞いといったふうだった」と述べたのもこの点を指したものだと思う。この部分は決して取り入れてはならない。何事によらず、力の強いのがよいといった考え方は文化とは何のかかわりもない。むしろ野蛮と呼ぶべきだろう。

しかし、ギリシャ文化にはもう一つの特徴がある。それは知性の自主性である。これはまだほとんど日本にははいっていない。文化がはいっていないということは、その文化の基調になっている情操がわかっていないということにほかならないが、ぜひこれは取り入れてほしいものだと思う。

知性に、他のものの制約を受けないで完全に自由であるという自主性を与えたのはギリシャだけだった。インドでもシナでも知性の自主性はない。これらのくにで科学が興隆しなかった理由がそこにある。数学史をみても、万人の批判に耐える形式を備《そな》えたものはギリシャに由来するものだけで、したがってギリシャ以前は数学史以前と呼ばれている。知性は理性と同一ではなく、理想を含んだものだと思うが、はっきりと理想に気づいたのもギリシャ文化が初めてだった。これを代表しているのがプラトン(13)の哲学である。

文芸復興期にはいると、一番大切なものがかつてギリシャにあり、それがローマ時代に失われたという自覚が起きた。それでこのころの人たちには過ぎ去ったよいものをなつかしむというあこがれの情操が非常に強かった。それはガリレオ(14)のやり方をみると大体わかる。ガリレオにあったのは科学よりも科学者の精神で、観念論を打破して自分の目で見たものを確かめてはっきりと表現している。しかしここではまだ理性の尊重が中心になっていた。認識するものとしての理性はデカルト(15)によってさらに整えられたが、結局は理性は文化に近づく手段にすぎない。このことに気づき始めたのはニュートン(16)の時代である。彼は「自分は大海を前にして磯辺で貝殻を拾っている子供にすぎない」といっているが、これは理性を手段としている自分の無力さがわかるとともに、前面に限りない大海のあることが漠然と感じられるのを示している。この大海とは文化それ自体にほかならない。

そして、数学に限らず文化の本質、文化それ自体に目が向いたのは十九世紀で、ここではっきりと理想が自覚された。十九世紀の特徴は理想について考えたことにあるといってもよい。ゲーテ(17)の「ファウスト」も「ウィルヘルム・マイスター」も理想をあつかったものだし、ショーペンハウエル(18)の「バッカスの酒神の杖《つえ》を持っている者は多いが、バッカスの風貌《ふうぼう》を備えている者はまことに少ない」ということばも「杖」は手段「風貌」は文化のことで、おそらくギリシャまで戻れといっているのに違いない。もっともショーペンハウエルはギリシャにあきたらず東洋文化にまで踏みこんで道を求めたが、果たさないままで死んでいる。しかしそれはそれでよいのであって、道は発見できなくても彼は理想とはどんなものかを知っていたといえる。数学の世界でも、リーマン[19]のように、自分が何を理想としているかをよく見きわめようとし、またそれが可能であることを示すために論文を書いた学者が出た。数学を学ぶ者はリーマンのエスプリを学んでほしい。ガリレオ時代のエスプリ、つまり理性は観念論を破る手段だったが、こんどのエスプリ、つまり理想は悠久なものを望むエスプリである。ニュートンのことばからもうかがえるように、謙虚になったから理想が見えてきたといえる。

理性と理想の差異は、理想の中では住めるが、理性の中では住めないということにある。孔子の「論語」に、最初は学をつとめ、次に学を好み、最後に学を楽しむという境地の進み方を述べたことばがあるが、この「楽しむ」というのが学問の中心に住むことにほかならない。孔子自身は、自分は学を好むが楽しむところまではいっていないと述べており、弟子の顔回のことを、あるときは学を楽しむとほめているが、常に楽しむとまでほめてはいない。

ところが、私はこんどの戦争が始まったとき、びっくりして、日本はこれで滅びると思ったが、以後戦争中は学問の中に閉じこもり、その間まさしく学を楽しんだ。論文など書けても書けなくても少しも気にならなかった。環境がやむを得なかったとはいえ、孔子にさえ容易にできなかったことがなぜ私にやすやすとできたか。それは学問自体が進化しているからである。はっきりいって、孔子の時代の学問には知性の自主性がはいっていなかった。だから、その中になお住もうとしたけれども、それは孔子の夢にとどまったといえよう。

情操と智力の光

理想とか、その内容である真善美は、私には理性の世界のものではなく、ただ実在感としてこの世界と交渉を持つもののように思われる。芥川龍之介はそれを「悠久なものの影」ということばでいいあらわしている。理想の姿を描写したことばを紹介できないかと思って随分探したけれども、一つも見当たらなかった。しかし理想の姿がとらえたくて生涯追求してやまなかった人たちは古来数多くあげられる。この事実こそ理想の本体、したがって真善美の本体が強い実在感であることを物語るものではあるまいか。私にはそう思われる。

理想はおそろしくひきつける力を持っており、見たことがないのに知っているような気持になる。それは、見たことのない母を探し求めている子が、他の人を見てもこれは違うとすぐ気がつくのに似ている。だから基調になっているのは「なつかしい」という情操だといえよう。これは違うとすぐ気がつくのは理想の目によって見るからよく見えるのである。そして理想の高さが気品の高さになるのである。

真善美のうち最もわかりやすいのは美だが、たしかに美は実在する。私はこの実感を確かめるのがうれしくて、よく絵の展覧会を見に行く。数学のゼミナールの時間に学生たちを連れて行くことも多い。それは数学の最もよい道連れは芸術であることを知ってもらいたいからである。見に行くとときどき美の実在を感じさせてくれる絵にぶつかることがある。美はいま眼前にある。しかしどんなものかはいえない。「ことばではいえないが知っている」ともいえない。真善美は、求めれば求めるほどわからなくなるものだと思う。わからないものだということを一般の人たちがわかってくれれば、それだけでも文化の水準はかなり上がるに違いない。

数学の世界でいえば、理想に一歩近づこうという動きのあらわれとして、理想への入り口のところをくわしく見ること、つまり自然観察の傾向が強まってきた。これが二十世紀の特徴といえる。数学全体がそうだとはいいきれないが、また二十世紀は戦争ばかりしているのでまだはっきりした形では出ていないが、全体としてはそういう傾向にある。したがって、心の中に数学的自然を生い立たせることと、それを観察する知性の目を開くということの二つができれば数学がやれることになる。心の中に数学的自然を作れるかどうか、これが情操によって左右されるとすれば、よい情操をつちかうことの大切さは、いくら強調しても強調し過ぎるということはないだろう。たとえば小学校三、四年生のころは、心のふるさとをなつかしむといった情操を養うのに最も適した時期ではあるまいか。「心のふるさとがなつかしい」という情操の中でなければ、決して生き生きとした理想を描くことはできないのだ。

私は数学教育にいくらかたずさわっている者として、高校までの教育の担当者に一つだけ注文したい。それは、数学の属性の第一はいつの時代になっても「確かさ」なのだから、君の出した結果は確かかと聞かれたとき、確かなら確か、そうでなければそうでないとはっきり答えられるようにしておいてほしいということである。でないとあとの教えようがない。この確かさを信頼して初めて前へ進めるのだから。つまり、右足を出してはそれに全身の体重を託し、つぎに左足を出してはまた体重を託するというふうに一歩一歩踏みしめて進んでいくのが科学の学び方にほかならないのだから。しかしこの学び方ができるかどうかは小手先の技術の問題ではなく、むしろ道義の問題である。ある程度「人」ができなければ、何を学ぶこともできないのではないか。

室内で本を読むとき、電灯の光があまり暗いと、どの本を読んでもはっきりわからないが、その光に相当するものを智力と呼ぶ。この智力の光がどうも最近の学生は暗いように思う。わかったかわからないかもはっきりしないような暗さで、ともかくひどく光がうすくなった。小学校で道義を教えるのを忘れ、高等学校では理想を入れるのを忘れているのだから、うすくなるのは当然といえるが、いったいどのくらいか計ってみた。ノーマルな智力を持っておればただちにできるはずのことに要する時間を私たちの世代といまの学生でくらべ、その逆数をとってみたわけである。

まず私たちの「ただちに」を計るため、ストップウォッチをかまえて友人の中谷宇吉郎さんと連句[20]を試みた。宇吉郎さんが「初秋や桶《おけ》に生けたる残り花」と詠み、これに私が「西日こぼるる取り水の音」とつけるのに十秒、また「秋の海雲なき空に続きけり」と詠み「足跡もなき白砂の朝」とつけるのに十秒、これで「ただちに」とは十秒だとわかった。そこで学生たちに、ただちにわかるはずの問題をやらせたところ、実に三日もかかる。何度やり直しても同じことだった。驚くなかれ、二万七千分の一の智力である。

これはただちにわかるはずの自家撞着《じかどうちやく》が、人に指摘されなくてはわからないという程度の暗さである。手短かにいうと、知的センスというものがまるでないのだ。このままいけば、人に指摘されてもわからないということになりはしないかと恐れる。これは、わかったかわからないかもはっきりわからないのに、たずねられたらうなずくといったふうな教育ばかりやってきたために違いない。教育の根本を改めてもらいたいというのはここのことである。

自然に従う

私の生活のやり方は、一言でいえば自然に従うということである。私の研究時間は、おもに夜考える「夜型」のときと、おもに昼間考える「昼型」のときとあるが、季節によって、また日によって、どちらになるか別に決めているわけではない。ただ私自身の生理状態に従って夜型であったり昼型であったりするだけで、すべて自然にさからわないようにしている。夜ふとんに入ってからは考えるともなく考えており、遅いときは夜明けまでそのまま考えている。暗闇の中だが、心の中にあるものを心の目で見ているだけだから別にあかりの必要はない。

いま私は十一番目の論文にさしかかっている。平均して二年間に論文一つの割合である。一日にノートを三ページ平均書いているので二年間に二千ページとなるが、これを二十ページの論文にするのだから、まとめられたものは百分の一である。自然のリズムに合わせればこれくらいの比率でよいのではないだろうか。大自然のやり方は全くぜいたくなもので、非常におびただしい蛙《かえる》の卵から、わずか一匹の蛙しかできないのだから。また、十考えても、そのうち本当のものである可能性は一つぐらいしかない。その可能性の中で、さらにまた本当のものは十分の一だ。だから百分の一という数値は可能性の可能性だともいえる。可能性の可能性というのは、これは「希望」のことなのだ。つまり、こんなふうにあってくれないかなあ、というのを描いているにすぎない。

自分でいま考えている研究目標は、あと十五年あれば一応はできると思うが、私ももう数え年で六十二歳だから、あと十年ぐらいはやれるけれどもそれ以上はあやしい。本当はバトンを次の人に渡すところまでやりたいが、渡すことができずにたおれても、それでもいいじゃないかと思う。漱石先生が「明暗」を書きながらたおれたのも、それでいい。「雪の松折れ口みればなお白し」といった気持である。芭蕉がこの句を作ったとき、彼の意識には一門の運命が去来していたのではなかったか。そう考えれば「なお」の意味がよくわかるように思われる。数学史を見ても、生きてバトンを渡すことはまずない。数学は時代を隔てて学ぶものだと思う。

数学は語学に似たものだと思っている人がある。寺田寅彦先生も数学は語学だといっているが、そんなものなら数学ではない。おそらくだれも寺田先生に数学を教えなかったのではないか。語学と一致している面だけなら数学など必要ではない。それから先が問題なのだ。人間性の本質に根ざしておればこそ、六千年も滅びないできたのだと知ってほしい。

また、数学と物理は似ていると思っている人があるが、とんでもない話だ。職業にたとえれば、数学に最も近いのは百姓だといえる。種子をまいて育てるのが仕事で、そのオリジナリティーは「ないもの」から「あるもの」を作ることにある。数学者は種子を選べば、あとは大きくなるのを見ているだけのことで、大きくなる力はむしろ種子のほうにある。これにくらべて理論物理学者はむしろ指物師《さしものし》に似ている。人の作った材料を組み立てるのが仕事で、そのオリジナリティーは加工にある。理論物理はド・ブローイー[21]、アインシュタインが相ついでノーベル賞をもらった一九二〇年代から急速にはなばなしくなり、わずか三十年足らずで一九四五年には原爆を完成して広島に落とした。こんな手荒な仕事は指物師だからできたことで、とても百姓にできることではない。いったい三十年足らずで何がわかるだろうか。わけもわからずに原爆を作って落としたのに違いないので、落とした者でさえ何をやったかその意味がわかってはいまい。

最後に一言。戦後十代、二十代の女性の顔が著しく変わったと思えないだろうか。新教育型の顔がちゃんとでき上がっているという感じである。戦後わずか十余年でなぜこんなに早く変わったのだろうか。それは情緒の中心を通すからに違いない。母親の表情を幼児がそっくりまねているあの早さである。情緒の中心にはこのような恐ろしい働きのあるのがわかる。

情緒の中心の調和がそこなわれると人の心は腐敗する。社会も文化もあっという間にとめどもなく悪くなってしまう。そう考えれば、四季の変化の豊かだったこの日本で、もう春にチョウが舞わなくなり、夏にホタルが飛ばなくなったことがどんなにたいへんなことかがわかるはずだ。これは農薬のせいに違いないが、農薬をどんどんまいてはしごをかけて登らなければならないような大きなキャベツを作っても、いったい何になるのだろう。キャベツを作る方は勝手口で、スミレ咲きチョウの舞う野原、こちらのほうが表玄関なのだ。情緒の中心が人間の表玄関であるということ、そしてそれを荒らすのは許せないということ、これをみんながもっともっと知ってほしい。これが私の第一の願いなのである。

（一九六三年　六十二歳）

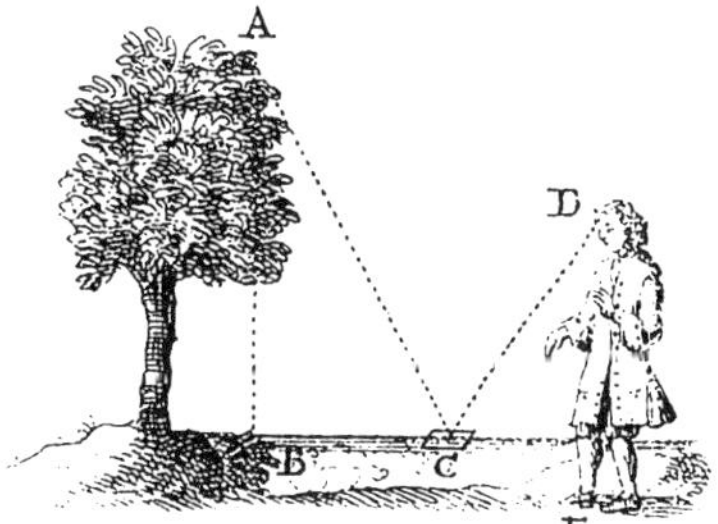
A
B
C
D
E

かぼちゃの生いたち

こんどの大戦で前線へ行った人々は別として、そうでないひとは、たいていかぼちゃをつくった体験をお持ちだろうと思う。私もかぼちゃをつくったが、つくってみて、かぼちゃという植物はこんな不思議な伸び方をするものかと驚いたものである。つくってみないで想像していたのとは、まるで違っているのだ。かぼちゃを専門につくる百姓というものはないだろうが、かぼちゃづくりの百姓があるとして、その百姓にとって一番たいせつなことは、かぼちゃがどのような伸び方をして結局実がなるか、その姿全体を頭に入れてしまうことだと思う。そうでないと、どんなに世話をしてみたところで、トンチンカンなことをやってしまうことになる。

これと同じことは、教育に関してもいえると思うのである。

ところで人の心情の生いたちは、このかぼちゃよりもいっそう変化に富んでいる。かぼちゃのような植物さえ、あんな生いたちをするのである。まして人の感情とか知能とかが、まるでバケツに水がたまってゆくように、時間に比例して量が増してゆくなどと考えるのは、いったいどういう心理からなのか、私には想像がつかない。もし、複雑な伸び方をするものと思えば、調べもするだろうが、初めからごく簡単なものと決めてかかっているのではないか。どうも私には、感情は別としても、知能というものはそうしたものと決めてかかって、いろいろデータもとり、教えもしているとしか思えない。しかし、人はどんなふうに伸びてゆく生物か知らないで、教育などとはいえないはずである。教育については、現状はまだ何一つわかっていないのではないか。

―

個体の発生は種族の発生の繰り返しといわれている。科学が教えた一番興味深い知識の一つは、人の胎児の発生が、人類の発生は定めてこうもあったろうかと思われるような、不思議な形態的変化をすることである。

ところでこのことは、生まれ落ちるとすぐ止まって、その後は続かないものだろうか。私はずっと続いてゆくものと思うのである。私の記憶に誤《あやま》りがなければ、生まれる少し前には赤ん坊はまだ魚のような格好をしている。これが哺乳《ほにゅう》動物になってから、つまり生まれてから、この形態的変化を繰り返すのじゃないかと思うのである。ただ、その変化が、人と動物との違いだと思われるところにさしかかってから、非常に長くかかっているということだ。

人の人たるゆえんは他人の感情がわかるということだが、自他の区別がわかるようになるのは、四月生まれとして数え年五つのころである。四月生まれというのは、私自身四月生まれだから、今のところ私自身を標準にとるより仕方がないのだが、人間には生まれたときの季節が顕著に影響する。それで満何年何か月といったのでは不正確になると思うのである。実際、春に生まれた赤ん坊と秋に生まれた赤ん坊とでは、心情や知能の伸び方に差があるようである。

もちろん、自他の区別それ自体の現われと思われるものは、ずっと早く出ている。たとえば、目は四十日ぐらいから見え始めるのだろうか。六十日になると、見る目と見える目と二色に使い分ける。しかし、そんなことでなく、はっきり自他の区別がつけられるようになるのは、数え年五つになってからである。だから、道義の根本は、この年から始めるのがよいと思う。

いま日本では、道義はいるとかいらないとかいう議論が強いが、以前修身《しゅうしん》というのがあった。この修身は、何か人格というような、つまり、人の行ないやそれを正すことをいうように思っているが、もともと「修身斉家治国平天下《せいかちこくへいてんか》」というのを略して修身といったのであって、身近から始めて遠くに及ぼせという言葉である。たとえば近ごろの美談として、東京の銀座あたりでゴミをビニールの袋につめるようなことが始まっているらしいが、これは道義の問題である。そしてこういうのを礼節というのだと思う。修身とは個人がお行儀よいということではなくて、社会の秩序のことである。

人から聞いた話だが、アメリカでは普通教育で一番力を入れているのは、道義教育だという。またこれを家庭でするのがよいか悪いかの問題、それを始める時期の問題については、イギリスではこれを家庭でやり、しかもきわめて早い年齢から始めている。日本はすぐ外国のまねをしたがるが、せっかくそういう癖があるのだから、道義の教育でも外国のことを見ならえばよいと思う。

アングロサクソンの話が出たから、ついでにいうと、子供のころ私は『三十万年前の世界』という本を読んだことがある。三十万年前というのは、そのころは、人類が火を使い始めたのは三十万年前だと思われていたからである。たいへんおもしろかったが、その一節にこんなことが書いてあった。興《おこ》る民族と滅びる民族では、その一番大きな違いは、興る民族は夜の闇《やみ》を恐れない。夜は一人一人別の位置にすわって、一人で思索することを好む。ところが滅びる民族の特徴は、これと反対で、変に夜の闇におびえ、夜は一かたまりにかたまってでないとおられない。後になってのことだと思うが、何となく私には、これはアングロサクソンの思想だという気がした。だから筆者は、たぶんイギリス人だろうと思うが、いまでもそれは本当だと思っている。

実際、人間が集団生活を営《いとな》み得るというのは、他人の感情がわかるというアビリティがあるからで、集団に特別な本能が与えられているわけではない。集団の目的が自分の目的にあっているかどうかの判断、これはやはり個人個人のもので、各人の大脳前頭葉《ぜんとうよう》の働きである。だから個人を十分みがいてからでないと、集めてもうまくゆかない。

今の小、中学校の教育では、初めからグループ、グループをつくって教えているのではないか。というのは大学でも、集まってディスカッションをやるというふうにしなければ考えられないらしい。こんなものは数学にはまことに不向きで、数学に限らないが、何事でも、そんなやり方では言葉のおよぶ範囲よりは決して深くははいれない。言葉のおよぶところまでなら語学にすぎない。それから先に進むから数学なのである。すべてそうだと思う。アメリカやイギリスでは、決してこんな教育はしていない。

私は道義の教育を、数え年五つのときから祖父に受けた。そのころ父は日露戦争で留守だった。祖父は私の中学四年のとき亡くなったが、それまで私はずっと祖父から道義の教育を受けた。一口にいうと、まことに簡単で「人を先にし、自分をあとにせよ」ということで、その点に関しては徹底したものだった。父は初めから私を学者にするつもりだった。それで金銭的なことに心をわずらわすようではいけないというので、お金の勘定はいっさい私にさせなかった。だから私は、いまでも物質的な所有欲は全然ないといってよい。このような家庭教育はその後に非常に影響するものであって、物質的な所有欲も、人なら当然出てくるものと思うのは間違いで、つくるからあるのである。

それから、子供の悪い癖だが、概してこれはひとの子供からうつるのでなく、子供の心の中に蒔《ま》かれていると思われる種がはえてくるのである。私の最初の孫は十一月生まれで、数え年五つの女の子だが、性質として自分の喜びを強く感じ、強く現わすのが長所のように思われる。土地にたとえると、土地がこえているわけだが、そういうところにはえる雑草もやはりこえている。そこでいろいろ悪い癖が出てきている。

この草引きを何とか早くしたいと思うのだが、無理にしつけるやり方は、よい芽までいじけさせてしまうので、何かわかることでしつけなければいけない。こういうことをすると人が喜ぶということがわかってくれればよいのである。自分だけでなく、人も喜ばせなければいけない。絶えずそのことを言えば、そうでないことは抑止する働きが自ら働くようになる。そして抑止する働きが一つ働けば、抑止するという生理機能が強くなる。ただ、人が喜ぶということがなかなかわかりにくい。

私の家の裏に、孫より少し小さな子がある。孫はきのみ、その子はよしみというのだが、その孫がどういうかというと、「きのみ、いま遊んどく。よしみちゃんが来たらお勉強する」というう。お勉強というのは本か何かを見ることだろうが、私の家内が、「そんなことしないで、よしみちゃんが来たらいっしょに遊びなさい。いま、お勉強しときなさい」と言っても、なかなか承知しない。

祖母と孫の間でそんなことを言い張っていたが、しばらくしてふと気が変わり「やっぱり、きのみ、いま勉強しといて、よしみちゃんが来たら遊んでやるわ」と言ってきた。これが道義のわかり始めじゃないか。それで祖母が「えらい、えらい」とほめると、言葉だけは知っていて「きのみ、考えたんや」と言う。

ふとそんな気がする。人の喜びも、遊んでやると喜ぶということならわかるので、その隣ぐらいにはいるのである。あるときはおこってふとわかることがある。おとなになってもそうだが、人の心の窓というものはめったに開いているものではない。ときどき開いておればわかるのである。そのときほうり込んでやることだ。

この道義教育は、家庭でできるだけ早く始めたいというのが親心であって、また祖父母の心だと思うが、何とか数え年五つぐらいから始めたい。これを放っておくのは子供を全く観察せずにいるからである。しかしそのとき、犬に行儀をしつけるようなやり方は、多分に害がある。そうでないようにするには自ら観察する必要がある。

このように、人が喜んでいるということは割合に早くわかるが、一番わかりにくいのは人が悲しんでいる、あるいは悲しむだろうということで、これは容易にわからない。しかしこれがわからないと、道義の根本を、表層的にではなく、根源的に教えることができない。それがわかるようになるのは、だいたい、小学校の三、四年ごろだと思う。また、人が悲しむようなことをする行為をにくむ、これが正義心の始まりだが、これも同じ年ごろで教えられると思う。

しかし人の悲しみがわかるといっても、そのわかるという言葉の内容だが、徹底的にわかると、人が悲しんでいると自分も悲しくなる。人の悲しみを自分も悲しいという形で受け取るようになる。これは十代では無理であって、二十歳以後だと思う。フランスに「セタージュ・サン・ピチエ」ということわざがある。これはハイティーンでは、まだまだもののあわれはわからないという意味である。だから、道義の本当の最後の仕上げをするのには、以前の高等学校でなければできない。

このように、人の心情や知能の成長をみてくると、人の悲しみがわかるという峠を越すのに、実に難渋《なんじゅう》をきわめていることがわかる。個体の発生でこんなにかかるのなら、進化の道程ではどのくらい長くかかったか、想像もつかない。数千万年はかかっているだろう。かりに譲歩《じょうほ》して数百万年かかったとしても、人類に文化が始まってから六十万年といわれている。文化、文化といっても六十万年たっているかいないかであって、数百万年にくらべたら、取るにたりない短さである。

だから、人はまだほとんど何も知らないといってよいのである。知力の光が非常に暗いので、自分はまだ何も知らないということを知らない人が多いのではないか。仏教でいう肉眼《にくげん》とは、知性の目ということだが、赤ん坊でいうとどうにか目が見え始めたところであって、明暗がわかるという程度からまだあまり出ていない。人類の現状は、まだやっと一人立ちになったばかりのところである。ただ人類はまだそんな程度だとなかなか思えないのは、知力の光がごく弱いからにすぎない。何も教育に限らないが、特に教育については、何も知らずにでたらめをやっているとしか思えないのである。

2

そこでもう一度、生まれた赤ん坊をふりかえってみると、数え年一つのときは、感情的に自分というものをつくり、同時にその人というものが本質的にできてしまうだけではない。それに付随したいろいろなもの、つまり外部の世界とか、心の世界とかいったものもできてしまうような気がする。雪だるまなら、そのシンのようなものを感情的につくり上げてしまうのが、この時期である。

意志の働きがはっきりみられるようになるのは、数え年二つからである。数え年二つ、三つのころは、いろいろなことを繰り返し繰り返しやる時期のように思われる。ジイドは「自分は情景の描写を、その人のいいぐせをとらえてするのが効果的であると思ってそれを実行したが、これは誤りではなかった」といっている。このいいぐせだが、人は寝言《ねごと》をいうとき、割合にいいぐせがよく出るものである。娘の寝言を聞いたことがあるが、三つのころ、こんなふうによく言った。「靴ありますし、雨靴ありますし、ゴム靴ありますし、靴ありますし……」

これは一例だが、人のいいぐせというものは、だいたい数え年六つまでで決まってしまうのではないかと思う。つまり、その人の言葉の世界における染色体のようなものが、そのころできてしまうのである。そういうものをつくるために、あるいはそういうものの最後の仕上げをするために、何をやっても、繰り返し繰り返しやるのだと思う。

なお、この娘の寝言だが、そのころの女の子の遊び方は、そんなふうに空想の世界で遊んでいる。いくらでも一人で遊んでいる。男の子はちょっと違う。男女性が二つ、三つですでにちゃんとわかれている。これは当然であって、後に男としての生活をし、女としての生活をする一番もとの準備をそこでしているのだと思う。

次に自分の記憶をたどってある記憶が他の記憶より先であった、あるいは一つの記憶の中における情景が立体的なものとして浮かんでくる、そういうふうになるのは、だいたい数え年四つからだと思う。それより以前にさかのぼってはできない。それで私は、数え年四つをかりにカントのいう「時間、空間」のできる年ごろと名づけている。すべて断定しているのではない。

そうじゃあるまいかといっているのである。
こうして五つになって、さきに言ったように、自他の区別ができる。数え年六つは知的興味の最初に出てくる時期である。集団生活を非常にしたがるのも、だい集団生活を非常にしたがるのも、だいたい六つのときではなかろうか。知的興味の特徴はこんなふうの質問にあらわれる。「ここにどうして坂があるの?」だから、そこに出てくる興味の芽ばえを「アホなこと聞く、この子は」と一蹴《いっしゅう》してしまわないことが、非常にたいせつである。とても答えられるようなことを聞いてこないのだから、むしろ不思議なことが聞けるものだと思ってみてやってほしい。

私の経験を言うと、その年ごろのことだが、身内の中学生と一晩いっしょに寝ていて、その中学生の繰り返していた開立《かいりつ》(1)の九九、——二二が八、三三、二十七というあれだが、いっぺんに覚えてしまったことがある。むかし、寺子屋では最初に論語の素読を教えたと聞いているが、このほうが理屈にあっていると思う。とにかく眠れないから聞いていたというだけで、開立の九九を覚えてしまうような時期である。

論語の素読というのは、この最初に興味の動き始めたときに、一番必要なものをみんな覚えさせるというやり方であって、これがあとになって、パッと出てくることになる。少しだけ傾いたミゾへ水を流すと、澄んだ水ならよいが、少し泥がたまっているとまるで流れない。今の教育はちょうどそういうやり方だ。

小学校でとりわけ大事なのは三、四年のころである。もっとも、私は戸籍をいつわって七つから学校へはいったので、三、四年というのは私自身が三、四年のころのことだが、「かわいそうに」ということがわかるのは、その年ごろである。また、かわいそうなことを平気でするものを憎む、つまり正義心の動き始めるのも、その年ごろである。だからこの三、四年で正義心や廉恥心《れんちしん》(2)のセンスをぜひつけねばならない。正義心とか廉恥心とかが社会からなくなることは、周囲が乾燥していると、いくらでも火事の原因があるのと同じことであって、直《ただ》ちに社会は腐敗する。社会をすぐ腐敗させるようなものを学校から出しても仕方がない。

文化というものは理想がなければ観念の遊戯と区別がつきにくい。この理想は、一口にいうと心の故郷《ふるさと》をなつかしむというような情操を欠いてはわからない。国民がバラバラにならず、一つにまとまるというのも、一つの似かよった心の故郷をなつかしむという情操があるからである。西洋文明でも、文化の再興隆は文芸復興というかたちで行なわれた。あれも、過ぎ去ったギリシャの文化をなつかしむという気持が根底にあったので、なつかしさの情緒が基調になっている。こうした文化の根本の情操も、すでにこの三、四年のころに動き始める。むしろ、そのころのほうがよく動いているのではないかと思うが、よほど根本的なもののできてくる時期である。

次に中学校だが、私は小学校を出て中学校の試験を受けて落第した。それで一年間高等小学校に通ったのだが、読書力をつけようと思えば、中学の一年ごろが一番よい。読書力といってもいろいろあるが、ここでいう読書力とは速く読む読書力のことであって、この年ごろを過ぎるとその力はできない。たとえば芥川の読書力は一時間六〇〇ページといわれている。私はそのころ博文館発行の『新《〔真〕》書太閤記《たいこうき》』とか、『水滸伝《すいこでん》』とか、『通俗絵本三国志』などという厚い本ばかり読んでいたが、いまでも本は割合に速く読める。本が速く読めると、割合に大きな計画が立てられるので、この読書力もやはり必要だと思う。

中学校の三年、今の新制中学の三年だが、これがまた非常に大事な時期であって、第二次的な知的興味がこのときに動き始めるんじゃないかと思う。その興味の特徴は、知らないからおもしろい、わからないからおもしろいというもので、よくわかるからおもしろいというおもしろさを喜ばない。しかもこの年ごろに非常に心をひかれたものが、かなり多くの場合、その人の生涯の行く手を決定してしまうのではないか。

それから記憶力には、あるいは記憶力と呼ばない人があるかもしれないが、おぼえて試験がすめばすぐ忘れてしまうという記憶力がある。だいたい精神統一の結果だが、それをつけるためには、中学の三年から高等学校の一年ぐらいが一番よい。その時期が過ぎると、そういう精神統一の練習をさせても、うまくゆかない。

私は中学の三年ごろに「真夏の夜の夢の時期」という名をつけたいと思う。中学校から高等学校の初めのころであって、だんだん大脳前頭葉が使えるようにしむけてゆく時期である。夜が明け始め、ものの色、形が見えてくる。それを高等学校で続けてゆくが、その時期を過ぎると、そのアビリティは伸ばせない。以前なら、学校外でめいめい勝手に伸ばせたが、今はピッチリ時間がつまり、まるで壁に塗りこめられて住んでいるようなものであって、疲れきるまで教えられる。以前は教育はでたらめだったといえばでたらめだった。しかしそのかわり、隙間がうんとあった。人はその隙間に住んでいた。

こうして以前の学制でいえば、中学校をすませて高等学校にはいる。この高等学校もまた非常にたいせつな時期である。人はそこで道義の仕上げをするとともに、理想の一番初めの下書をする。理性が本当に働き出すのもこのころからである。以前は理想をつくるために三年間という空白の時間を与えていた。そのことを意識していた識者も少なくなかったろうと思う。しかし、こんな時間の使い方はむだだとでもいうのか、真っ先に以前の高等学校をやめてしまった。それでは理想はつくれない。理想がつくれないのに大学が選べるはずがない。どの大学のどの科にはいるという選択もできない。そこでいきおい就職を目標にするのは当然だと思う。理想などいらないといって高等学校をやめ、次に道義もいらないといって義務教育が今のようになってきた。それが現状である。しかし私には、人生を渡る二本の橋は、道義と理想だとしか思えない。

3

それはそれとして、理想について結論から先に言うと、理想の内容は真善美だが、これはただ、実在感によってのみこの世界と交渉を持つもののように思われる。私は理想をはっきり言った人がいないかと思って、そういう言葉を捜したが、どこにも見当たらなかった。しかし、理想を生涯追い求めてやまなかった人は、いくらでも数えられる。たとえばショーペンハウエルがそのよい例である。

西洋の文化史でいうと、ギリシャ時代からローマの暗黒時代をへて、再び文芸が復興した。文芸が復興するためには、暗黒時代に支配的であった観念論を打破する必要があった。このことは、ガレリ《〔リレ〕》オをみればよくわかる。とにかく、文芸復興は観念論の打破に始まっている。それからだいたいデカルトへんまでは理性を問題にしたが、理性は文化の手段であって目的ではない。そこで手段でなく、ものそれ自体を見なければならないということに気づいたのは、ずっと遅れて十九世紀にはいってからである。

十九世紀は、だから一口にいって理想を問題にした時期である。たとえば文学ではゲーテの

『ファウスト』にしても『ウイルヘルム・マイスター』にしても、理想というものを取り扱っている。ショーペンハウエルも、フィヒテもそうである。数学でも事情は同じであって、リーマンがそうであった。リーマンの「エスプリ」は、理想を追い求めてやまない精神のことである。ショーペンハウエルは「バッカスの杖を持っているものは多いが、バッカスの風貌《ふうぼう》を備《そな》えているものは少ない」といっている。これは文化を取り扱うための手段をよく知っているものは多いが、文化それ自体の顔つきを知っているものは少ない、という意味である。ショーペンハウエルはこれをフランスで捜したが見つからない、イタリアにもない。とうとうギリシャまで行ってプラトンをたずねたが、意志の世界に理想はないといってそれも捨て、だんだん舵《かじ》を東にとってシナまで行って寺の門をたたいたが、ついに理想の姿を発見できずに終わっている。だからショーペンハウエルは理想の姿はとらえていない。しかし他の姿を見てはこれではない、これではないといっている。理想というのはそういうものである。

私は俳句は芥川（龍之介）に紹介してもらったのだが、芭蕉一門の存在は、よく考えてみると、いかにも不思議である。なぜかというと、俳句は五、七、五の十七字に過ぎない。だからきょう非常によいと思っても、翌日になると、昨日は気のせいだったのではないかと思うかもしれない。むしろきょう非常によいと思えば、あすはその反動で、昨日はどうかしていたんだと思うだろう。

芭蕉はよい句というのは、名人でも一生にせいぜい十句といっている。まして一般の人は、それよりずっと少ない。にもかかわらず芭蕉一門の人々は、十句という、ただそれだけのもののために、生涯を真剣にささげることができたらしい。どうしてそんな薄い氷の上に身をのせるようなことができたのか。私は俳句や連句、特に蕉門の人々について詳しく調べてみたが、その結果、美というものは強い実在感だということ、それがささえになって、あんなことができたのだということがわかった。

善については、孔子は南の方へ行って生命の危険にさらされたことがあった。孔子に対して殺意をいだいていた人間がいて、木を倒し孔子を圧死させようとしたのだが（大木か何かが倒れてきたのかもしれない）、孔子はそういう席にいて、泰然として「天、道をわれに生ず、某公われを如何《いかん》せん」といった。論語にはその人物の名前は出てくる。そういうつまらない人間の名はおぼえていなくともよいから私は某公というのだが、孔子はそのとき、善の実在することを信じて疑わなかったのだと思う。

真については、リーマンがまだ大学を出て間もないころ、自分の論文について講演をしたことがある。これを聞いたガウスは、その帰り道、知合いの数学者に話しかけて「自分は長い生涯の間で、今日くらい感銘を受けたことはなかった」といった。ガウスという人は、人に会うのがきらいで、天文台に閉じこもり、一七三分の一か、それぐらいの分数を小数点下四〇位まで計算していたという変わり者で、そう簡単に感銘などしそうなオヤジではない。また一般の人に話しかけるというようなこともなかった。そのとき、ガウスを感銘させたのが、この真だったのである。

真善美は私は実在感だと思う。その真善美の中では、美が一番わかりやすい。私は平素、数学の一番よい伴侶《はんりょ》は芸術だといってきたが、よくゼミナールを休んで、学生たちを絵の展覧会に連れてゆく。なぜかというと、そこによい絵があって、ちょうどそのとき自分の心の窓が開いていたら、そのものの上に全き美というものを見、美は実際あるということを感じることができるからである。この感銘とか、実感とかいうものを得ることが非常にたいせつなのであって、それがまた芸術の存在理由でもある。真と善はなかなかわかりにくい。しかし美はそれを容易にゆるす。そしていったんその実在を感じると、効果はどれからでも同じである。それが理想というものだ。

芥川はどこかで書いている。自分は文学を、つまり創作を自分の一生の仕事として選んだが、そう決めて、東京の町はずれを歩いていたとき、雨の水たまりがあって、電線が垂れさがり、紫の火花を出していた。そのとき自分は、他の何ものを捨てても、この紫の火花だけはとっておきたいと思った、と。

芥川はそのように出発した人であって、途中「悠久なるもののかげ」という言葉を使い、終わりころ「東洋の秋」とか「尾生《びせい》の信」(3)を書いた。生涯、美の姿をとらえようと追い続け、ついにとらえることのできなかった人である。だから美とはどんなものか知りたい人は、芥川を読めばよくわかると思う。

漱石が、その秋に死ぬという夏、和辻哲郎《わつじてつろう》に手紙を書いている。その手紙の中で、漱石は、自分はこのごろ午前中に創作活動をし、午後は籐椅子《とういす》か何かにもたれて休養することにしている。午前の創作活動は午後の肉体に愉悦《ゆえつ》を与える、芸術はここまでくれば嘘ではない、という意味のことをいっている。私はこういうことをはっきり書いたものは、これ一つしか知らない。数学上の発見が、心に鋭い喜びを与えることはよくわかる。これは根本的なことだと思う。しかし創作活動が肉体に愉悦を与えるということは、私には想像がつかない。非常に貴重な文献ではないかと思うのである。

理想のことを言ったが、あとは大学以後、自分の選んだものをやってゆけばよい。つまりかぼちゃの実がなるわけであって、実がなってそれが熟するのを待つだけである。これが、だいたい私の、人というかぼちゃの生いたちの第一次的な下書である。

（一九六四年　六十三歳）

数学と大脳と赤ん坊

I

科学は学問に違いないが、ではどういう学問かということになると、いろいろいわれている。しかし私は、数学をやるということも科学だと思っているのであって、私自身、天性の科学者だと思っているのである。なぜかというと、何かわからないこと、珍しいこと、おもしろいことがあると、それをやってみようとするのが科学だと思うからである。

ところで、そういうことを科学だと考える目でみると、科学の本家本元である西洋文明は、実に観念的だということがわかる。たとえば心の働きを知、情、意の三つに分ける。心は大なり小なりそれらを持っているから、それはそれでよいのだが、しかしどの一つをとってみても、実在するというものではない。私は数学を専門にやっているものだが、教師でもあるから、近ごろは教育のことも気にかけている。

いったい、数学をするとか、教育をするとか、またされるとかいっても、人が数学をし、人が教育をし、またされるのである。これははっきりした生理現象である。この生理現象は実在する。しかし西洋の考え方はこの中から「人」を抜き、観念の上にたって議論をしているにすぎない。果たしてこれを科学といえるかどうか。

最近、私は新しい医学的知識を与えられたので、私の周囲の遠近を、それによって見直そうと思っているのである。それは犬について実験した珍しい論文である。

人は感情に不調和をきたすと、常習性下痢《げり》をおこし、大腸はただれたようになることはわかっていたが、なぜそうなるのかはわからなかった。その医学者は、中枢部《ちゆうすう》には手がつけられないから、末梢部《まつしよう》の研究をするため、犬の大腸の方へ走っている交感神経を切断してみた。

大腸には、それとは反対の働きをする副交感神経も走っている。この両方がともに働いて均衡を保っているのだが、切断の結果、副交感神経だけが働くことになって、犬に著《いちじる》しい下痢がおこり、大腸がただれた。私も研究生活で、これと同じことを体験しているので、この話を聞いて着目すべきことだと思った。

というのは、数学でもその他の学問でも、研究のある時期には極力衝動をおさえ、ジリジリとつめ寄せてゆく時期がある。つまり、意識をコンセントレートしているときで、呼吸が止まり、内部の諸機関はできるだけ働きを止める。このときは交感神経が働いているのである。しかしその反対の時期もある。それは感興にのって書きすすむときで、このときは得てして私は下痢しがちになる。

生理的な構造の仮説からいうと、知が一番浅く、意、情の順になっている。知性の中心は大脳皮質だが、「情緒の中心」というものがあって、そこがそんなに強い影響力をからだ全体に及ぼしているとすれば、何ごとによらず、そこまで深く考え込まないと、その考えは浅いということになる。その位置は、大脳皮質を出はなれた、コメカミの深さだというのである。

これが最近の私の知識で、医学的にも最先端をゆくものではないかと思う。

2

今の医学者をみると、数学の研究を知的にやり、あるいは意志的にやる人はいるが、まだ感情的にやるところまではいっていない。これは、つねづね私の言っていることだが、本当はそこまでゆかねばだめだと思う。私自身はどうかというと、私は数学は起きている間だけやっているのではない。むしろ私には、眠っている間に準備され、おのずからできていたものを、目ざめてから意識に呼出し、書き進めているような気がするのである。

情緒の中心が身体の中心だということは、この論文を聞かされるまで、私は想像もしなかった。しかし、もしそんなものが実在するなら、教育に関しても、その目で見直さねばならないだろう。

私には長い間解決のできない問題があった。私はかねがね、数学はアビリティだけでできるものではない、人間としてでき上がらねばだめだ、と言ってきたのだが、それに対し数学史上の一、二の人名をあげて、ああいう人はどうかという人がいた。ああいう人というのはマキャベリズム式の政治屋なのだが、かなりの業績を数学史に残しているではないか、というのである。私は困った。

ゲーテは当時の数学者のラグランジュをほめて「彼は善人であったので、よい仕事をした」といっている。私はもう二、三十年もこの問題を持ち越してきて、ついに説明がつかなかった。しかし、情緒の中心がそんなものなら、説明は簡単である。つまり、この「ゆえに」は、ラグランジュはおとなになってから善人になったのではなく、子供のときから人らしく情緒ができていたので、よい仕事ができたのである。

義務教育は時期が早く、以後のものいっさいがこれから影響をうける。人数も多い。しかも義務として強《し》いているのである。いったい、どこから教育を義務として強いる権利が生じるのであろう。これが一番考えねばならないことだが、問題は頭の発育である。つまり情緒の中心を人らしく調和させねばならないということである。

人は動物の一種であるが、それだけではない。教育は渋柿《しぶがき》の台に甘柿の芽をつぎたしたようなもので、芽だから伸ばせばよいというなら、だいたい渋柿の芽ばかりになる。放任すると、動物性ばかりが跋扈《ばっこ》して、人間性は逼塞《ひっそく》する。近ごろの義務教育をみていると、動物性の放任で、動物らしい頭しか発育しない。動物性ばかりを伸ばすのなら時間は節約できるが、人間性、甘柿の芽を伸ばそうとすると、たっぷり時間がかかる。ところが、現在の義務教育では、子供の成熟するまでの時間が、戦前にくらべて三年も減っているのだ。女性の初潮ではかればはっきりする。これはたいへんなことだと思う。

動物の牛や馬は生まれおちるとすぐ歩くが、人間の子は歩くのに一年はかかる。これはその間に、すぐ歩けるように成育するのを押えて、人らしくなるように準備しているのである。生まれて一年ぐらいの子をよく見ていると、どんなに驚嘆するような準備がされているか、よくわかるだろう。

この一歳のとき、その子供がどういうことをやっているかというと、感情的にいろいろのものをつくり上げ、だいたいその一年間にその人間の本質的なものはでき上がる。その人間に付随する、心の内外両面のいっさいができ上がってしまっている。学ぶという点からいうと、「森羅万象、学び尽して余蘊《ようん》なし」(1)といってよい。

その後も感情中心に発育し、三歳の終わりから四、五歳にかけて、だんだんといろいろな知性が伸びてゆく。この時期に一番伸びにくいものは何かというと、私にはなかなか人の感情がわからないことだと思う。たとえば、自分を非常にかわいがってくれている人に対して、冷淡なことを言う。あるいはすげないことを言って悲します。人の感情をおしはかること、人の感情を自分の感情のようにわかること、これが容易でないらしく、非常に時間がかかっている。ここに困難がある。人間と動物の別れみちは、私はこの思いやりのあるなしということになると思う。

　これは実に複雑な生理現象であるらしい。昔の日本の教育は、孔子に教えられて一番初めに「惻隠《そくいん》の心」[2]をおいたが、同じことをいっているのだと思う。その目で今日の教育が本当に人間性、甘柿の芽をはぐくむことを大事にしているか、おろそかにしているかを見ると、目立つのは中学生の犯罪である。全く無慈悲なものだ。これは人の人たるゆえんをはぐくむことをしなかった結果であろう。

　では慈悲心、無慈悲なものを憎む心、正義心を教えるのにはいつごろがよいかというと、私は小学校の四、五年ごろが適当だと思う。実際、この思いやりの心ができないと、真善美のうち、うまくゆかないのは善ばかりではないのである。知性といえども、対象のすみずみまで緻《ち》密《みつ》な注意がゆきとどくようにならなければ、うまく働かない。母の子に対する細かい心づかいには、知性のよく働いているのがみられるだろう。

高校以後の教育の現状で目について心配なのは、抑止する力がひどく弱いということである。この抑止する力は大脳前頭葉《ぜんとうよう》の働きだが、医学的にこれを取ってしまうと、生命は維持しているが、衝動生活しか営《いとな》めない。そして交感神経の働きである正確さもぬけてしまう。子供の発育のとき、すでにこの抑止する力は、動物性の発育を抑止する力として働いているのだと思う。それが抑止しないから、発育が三年も早まるのだ。手足が伸びた、体位が向上したといって、発育の早いことをよろこんでよいのは、食肉用の鶏や牛の場合のことで、ちゃんとした人間をつくるには時間がかかる。すべて教育においては速成法というものはないのである。

最近、私に二人目の孫ができた。生まれてまだ十日ぐらいで名前をつけようと思うのだが、当用漢字しかないので困っている。「天地悠久」という言葉がある。「悠」という字は「悠然として南山を望む」といった、時間を超越した趣《おもむき》のある字である。その「悠」をとって「ひさし」とつけたかったが、久はあってもこれがない。また、今は草の芽ばえる季節だから「萠」という字をとって「萠一」とつけたいが、これもない。どうも当用漢字というものは、具体性だけを重んじ、気分とか、趣とかいったものを軽視しているらしい。これも問題だ。

ところで、この赤ん坊がいま私の家に同居しているので、いろいろ観察してみたいと思っているのだが、一番興味のあるのは泣き声の変化である。最初の孫のときはそれほど注意しなかったが、それとなく印象に残っているのは、人の子らしく泣くようになるまでには、ずいぶん時間がかかるということである。

普通世間の人は、赤ん坊がものを言うようになるのはいつごろか、またどんなことを言うか、というところからあとのほうに注意するが、実はそれ以前がひどくむずかしいのである。野獣の鳴き声から人の子の声に変わるのは容易なことではない。私はその期間に情緒的に人らしくできてくるのではないかと思う。いま、私はそれを観察するのを楽しみにしているが、同じことは、人のその後についてもいえると思う。

3

情緒の中心があることがわかってから、たとえば数学を教えるということも、実に複雑な行為だと思う。それは単に大脳だけでなく、肉体を構成する諸機関の協力があって初めてできることである。赤ん坊に人語を教えるまえに、人の子らしくなることがたいせつなのと同じことで、いろいろな知識、技術の熟練はそれ以後の問題である。

ではどうすればよいか、といってもなかなかむずかしい。その人の情緒が数学者のそれらしくなるよりほかにはない。今の私には時代、内容を超越してすぐれた人の書き残した論文を読め、とすすめることしかできない。

一人の数学者をつくるには長い時間がかかるのである。それを私自身に例をとり、私がどのようにして一人前の数学者になったかを語ってみよう。

まず、私の小学校のころの数学の時間には碁石算とか鶴亀算《つるかめざん》とかいうのがあった。私はそれをいくら考えてもできなかった。第一、考えるということからしてわからないのだから、考えようがなかったわけだ。しかし、そのころからすでに持っていた要素でいまも大事に思うのは、そうしたことは先生とか、父とか、ひとに教えてもらったということを決して忘れないことである。私はこれがそのころ見られる独創性の素質だと思っている。

中学三年になって『数学釈《〔理〕》義』という本を読んだ。菊池大麓《だいろく》の訳で原語はW・K・クリフォードの『Common sense of the exact science』というものだが、「第一章、第一節、ものの数はこれをかぞへ《〔ふ〕》るの順序にかかはらず。第二節、ものの数はこれを加ふるの順序にかかはらず」といった、内容のわかりにくいものだった。しかしそれがおもしろかった。中に一つだけ、これはまた実にはっきりした定理があった。「クリフォードの定理」といわれているもので、「直線が三本あると三角形ができ、三点を通る円ができる。四本あると四本から一本とると三角形が四つでき、これに外接する円が四つでき、同一の点でまじはる。五本あると、このやうな点が五つでき、五つの点は同一の円周上にある。六本あると……」とずっと続いて「かやうにして、こもごも円と点とを決定して窮まるところなし」というのである。

私は非常に神秘的に感じた。私はその後もこんな定理に出会ったことはない。私は毎日毎日、大きな画用紙を机の上にひろげ、定木《じょうぎ》とコンパスをつかってその図を描くことに熱中した。たしか六本までは書けたが、直線が七本の場合になるとたいへんで、成功しなかったようにおぼえている。

三高へはいる前の中学五年のときだった。冬休みの少し前で、幾何の問題を解いていたがうまく解けない。すると、突然鼻血が出た。そのあとが妙に気持が悪く、毎日変な気持で冬休みの間中、何もできずにぶらぶらしていた。ものを深く考えるようになったこれが最初である。

高校にはいると、代数の先生がよい先生で問題を解くことがおもしろかった。出題だけでは満足できず、そのころ出ていた『東北数学叢書』という本を片っぱしから読んで問題を解いた。ある日、数学の講義の終わりに方程式論があって、連立四次方程式までを教わったが、「五次方程式はこういうふうには解けない。このことを証明したのが『アーベルの定理』だ」といわれた。解けないことを証明するとはどういうことなのか、時間がたてばたつほど、私はこのことに心をひかれた。

私は大学は工科にはいるつもりだったが、工科は製図が多く、内容がとても自分に向かないことがわかった。どうしたものかと思っていたら、たぶんその翌年だったと思うが、アインシュタインの来日が伝えられて、世間は大さわぎをした。その影響で、私もクラスメートに同調して物理にはいった。物理にはいって一年たったが、私は全体を離れて部分だけを調べることができないから、物理は向かない。やっと数学を研究する自信も出てきたから、二年から数学へ転科させてもらった。

その前の一年三学期の数学の試験に非常にむずかしい応用問題が出た。それが解けたとき、私は思わず「できた!」と大声をあげた。前にすわっている学生はうしろを振り向くし、先生はじろりとこちらを見るし、おかしな具合だったが、あとが変にうれしくて、ポカポカ円山公園まで一人歩いて行った。そしてベンチに寝転んで、二、三時間も木のこずえやその向こうの空をながめていた。ポアンカレーのいう「発見」とはこれか、と思った。これが前にいった自信である。

とにかく、私が数学をやるようになったのは、今まで述べてきた三つのファクターが大きな動機になっていると思う。(本当はさらに大きなファクターがありそうだが、よくわからない)

大学卒業後、私は足かけ四年間フランスに留学した。数学の研究は、曠野《こうや》の開拓にたとえるとよくあてはまる。つまり長く一か所にとどまって研究すべきテーマを選ぶということは、曠野のどの土地を選ぶかということである。私はフランスへ行って、この開拓すべき土地を捜してきた。

私の選んだ「多変数解析函数《かんすう》」の分野における詳細な目録が出たのは、私が日本に帰って二年たってからである。その目録を調べるのに二月《ふたつき》かかった。しかし研究の第一着手がどうしてもわからない。その悪戦苦闘中、妙なことが私に起こった。

十分ほど勉強すると、そのあとが不思議に眠くなるのである。当時広島の学校にいたが、夏はすずしい札幌へ行って研究を続けた。しかしやはり眠くなる。十分やると眠る。それが評判になって「嗜眠《しみん》性脳炎」というあだ名をつけられたりした。この眠くなるが、それでもやりたいという気持、——いまから考えると、たぶんそのころ、私の内部で一種の生理変えが行なわれていたに違いない。

そんなことを三か月も繰り返していたが、九月になって帰る四、五日前のことである。私は朝飯をたべてから、しばらくソファーにすわっていた。なぜだかわからないが、すわっていたくてすわっていたのである。心が一つの方向に向かって働き始めた。そのまま、私は二時間ほどじっとすわっていた。次第に情勢がはっきりしてきた、それはたとえていうと、いままで閉まっていた襖《ふすま》がスウッと開いて隣の部屋の内部が見えてくるような具合だった。あるいは朝霧がはれて、山容が現われてくるような具合だった。それまで手のつけようもなかった困難を克服する基本原理が一気にわかってしまった。

この発見を、論文として発表したのはその翌年で、私が大学を出てから十年もかかっている。論文は現在九まで出ており、いま十、十一、十二を書いて、論文としての一応の仕上げをしているところである。だいたい、一つをまとめるのに二年ぐらいかかったことになる。しかし論文は書くまえ、すでに私には景色としてはっきり見えているのであって、あとはそれを詳しく調べて書くというだけである。元来、数学とはそういうものだ。私が情緒が中心だとなぜいうかが、少しわかっていただけるでしょうか。

4

この情緒という観点から現代の文明について二、三ふれてみよう。

現代の文明は科学文明だといわれている。たとえば食物の話なら、台所の設備とか、牛を缶詰にする方法とかは非常に進んでいるが、ものの味自体ということになると、問題は別で実にまずい。このごろはやりのインスタントものにしても味はよくない。味そのものをよくすることに無頓着《むとんちゃく》なために、よい味を味わうことがもはやできなくなっているらしいのである。漬物でもパンでも、よく売れるものを見てみると、味の好みというより味そのものがわからなくなってきているとしか思えない。

同じことは風景に関してもいえるだろう。日本のよさ、最近問題になっている奈良のよさについても、案外軽くみているようだ。しかし、それが人間の情緒の中心がどうなるかに結びつき、その人を四次元的に支配するということになると、ことは重大である。

最近、東京と京都で「フランス美術展」が開かれたが、その批評をテレビでやっているのを、隣の部屋にいてそれとなく聞いたことがある。この「フランス美術展」は過去百年のフランスの最盛期の美術を集めたものだと思うが、その批評を聞いていると、ある人の絵は線が力づよいとか、ある人の絵は都会的な美をよくとらえ、その美の調和がよくいっているとか、またある人の絵は構図が雄大だとかいっている。

私は聞いていて「ちょっと待ってくれ、私が見たいのはそんなものではない」と半畳《はんじょう》を入れ（3）たくなった記憶がある。もしそんな批評をするなら、芸術だって、一口にいうと力づよいものがよいということになるだろう。たしかに現代文明は意志中心の文明だ。だから、そんなことを特にとりたてていうのだろうが、私はそんなものは野蛮の一種であって、文明と呼ばるべきものではないと思う。まだ程度が低いから野蛮なので、成長したら芸術となるべきものだというなら、私はいかに小さくても麦は麦、いかに大きくても雑草は雑草だといいたい。

「この偉大なる調和」と呼号するようなものは調和ではあるまい。ほんとうの調和は、秋の日射しが深々としていて名状しがたいようなもののことだ。このことがわからずに、平和というものもわかるはずがない。戦争をしないことを平和だと思っているが、そんなものは形だけで、内容がない。調和のあるものをこそ平和というべきで、平和それ自体はそれなりの内容を持っているのである。

力の文明は野蛮だと思う。しかし野蛮は野蛮でも、人類はあやまちの過程をふんで文化にたどりつく。この野蛮を、文化前夜の野蛮とみて、私は将来に希望をつないでいるのである。

（一九六四年　六十三歳）

ロケットと女性美と古都

一

今の日本を西洋の文化でみると、西洋の文化にはまずギリシャ時代がある。これがどれほど続いたか知らないが、だいたい昼の時代である。それからローマ時代にはいって夜の時代になる。これがだいたい二、〇〇〇年ほど続いた。そして文芸復興が起こってふたたび昼の時代がくる。それから今日までだいたい四〇〇年ぐらいじゃないか。これを縮尺して二十四時間にたとえると、二十時間が夜、四時間が昼ということになる。

そのローマ時代だが、ローマ時代の特徴は、一口にいうと真善美それ自体がわからなくなってきた時代である。ギリシャ時代は真善美がわかっていた。理想を大事にし、知性の実践をやってきた。知性の自主性のあるのはギリシャだけである。それに反してローマ時代に尊ばれ、重くみられたものは軍事と政治である。すべての道はローマに通ずるといわれているが、大きな競技場などもあり、多分に豪華なものが喜ばれた。法律にしても、今日の法律学というものはローマ法典から出ている。ローマ時代というのはそういう時代だったらしい。

そのローマ時代を彷彿《ほうふつ》しようと思えば、今日の世相を見ればよい。ただ、ローマ時代には見られなくて今日にだけ見られるものが、一つある。それは科学と呼ばれるもののまことに目まぐるしい発展、理論物理から原爆へ、原爆から宇宙ロケットへと続く一連の行進その他である。

この理論物理の最近の発展は、アインシュタインとドゥブロウィー[1]が相ついでノーベル賞をもらったころからだと思うが、だいたい一九二〇年ごろである。それが発展して広島へ原子爆弾が落とされたのが一九四五年、その間わずかに二十五年ぐらいしかたっていない。これに似た現象はあちらこちらで、たとえば医学や農学の分野にも見られるが、これはローマ時代には見られなかった現象である。

近ごろ、宇宙時代といわれて、つまり月へロケットを打込むことができるようになったが、これは広島へ原子爆弾が落とされたその行列の延長にすぎない。月へロケットを打ち込むためには、数学の協力がぜひ必要だが、もはや数学者では役に立たず、機械がそれを受持ってやっている。この敏速な計算なくしては、月へロケットを打込むことはできない。

そこで、この月へロケットを打ち込むということの意味を数学の面から考えてみると、これはもはや人の手をはなれているが、ひっきょう[2]人の働き、頭の働きの中である。本質は人の頭の機械的な働きを複雑にし、早くするという方向へ伸ばしたものである。だからこの場合、機械が現在やっていること、将来機械にやらせそうなことは教えなくともよいのである。それを抜いて、ほかの部分を教えたらよいのである。ところが、いま文部省がやっているのは、この機械のやることを人ができるだけやるように教えているのだ。月へロケットを打ち込む数学というのは、ソ連のそれを理想として教育しようとしているのだ。ものによっては、こういうことも功利的な意味はあるだろう。しかし、月へロケットを打ち込んでも、人類の文化の水準が上がるとは考えられない。

実際、こんなものに軍事的以外に何の意味があるのかわからない。善意に解釈すれば、自覚して計画したものではなく、ただめくらめっぽうにやっているだけである。意味も何もわからずに、ただ機械的に敏速にやったらああなるのではないか。そしていま、それをもてあましているのだ。（そのため、かえって本当の戦争を始めないのかもしれないが）ともかくそれは、ローマ時代には見られなかったものだが、ローマ時代的現象には違いない。

2

これに反して、いまひとが非常に軽く見ているものに奈良とか、京都とかの本当のよさというものがある。それについて思いつくのは女性の顔である。

女性の顔の美しさの標準は、昔から目まぐるしく変わっている。奈良時代にはまるい顔が美人だった。それが、平安朝へはいって長い顔が美人になった。鎌倉時代へはいると、またまるい顔が美人になり、江戸時代になると再び長い顔が美人になる。まるで、月がまるくなったり三日月になったりするみたいである。明治時代にはいってからはギリシャの彫刻、たとえばビーナスの像のようなのが、女性の美の標準になる。これは私の友人の中谷治宇二郎《なかやじうじろう》のいったことだが、全くそのとおりである。時代によって美の標準が変わるとともに、女性の美もそれにしたがって変わっていったに違いないと思う。

近ごろ、十代二十代の女性の顔を見てみると本当に変わってしまっている。これはもともと私の主観だから、ほかの人にもちょいちょい聞いてみるが、だいたい変わったといっている。だから客観的事実だと思うが、もしそうなら、こういう働きをするところが人のどこかにあるに違いない。情緒の中心がそれだと私は思うのだ。そしてこんな短期間に、こんなに思いきって変えてしまうその力というものは、どんなに恐ろしいものかと思うのだ。

男性がこんな顔が美しいと思うと、女性はそんな顔になりたいと思う。するとそんな顔になるのである。それが不思議なのだ。学生なんかに割合よろこばれた顔はハリウッド、近いところでは宝塚の顔で、ことに関西の学生の美の標準だった。つまりヅカ式の顔である。そのヅカ式の顔がだんだん変わって、今は宝塚の何とか出演というのがテレビであっても、昔の美の標準は全然ない。

このごろの美の標準は、若い人に聞いてみないとわからないが、だいたいテレビの紅白歌合戦なんかにでてくる女歌手の顔、あれがそうだと思う。たとえば口が大きい。これは必要条件である。そこまでならまあ認めるが、諸要素が雑居しているのだ。しかもこの諸要素というのがまた非常な動物性と、その間に、なまじっかなければいいのに殊勝気な人間性が混じっていて、全然統一がとれていないのである。これはつまり、情緒の中心がこわれているからだとしか思えない。

私はこの情緒の中心が人というものの表玄関だと思うのである。普通西洋でそう考えられ、日本もそれをそのまま受け入れてそう思っているように、大脳前頭葉《ぜんとうよう》が人間の表玄関だと思うのは間違いである。そんなものは裏木戸にすぎない。ウソだと思うものは、もう一度幼児の生いたちを見直すがよい。でなかったら、あんな短期間に、あれだけ多くのものを学びとることはできないはずである。

日本の本当のよさ、たとえば古都の日射しといったものが失われることは非常に恐ろしい。つまり、情緒の中心をそれに調和させることができなくなるからである。それとは逆に、悪いもの——たとえば進駐軍が日本へ来たとき、日本を骨抜きにするつもりで三つのSをひろめようとしたとかいう巷説《こうせつ》があるが、そのうちの一つのシネマとか、悪質の刊行物とかが空気をにごすと、人の、ことに若い人たちの情緒の中心が調和を失い、肉体もそれに順応して成長することになる。教育がまことにたいせつだということは、このことからもいえるのであって、アッという間にすべては悪化してしまう。

情緒というものは確かに実在する。しかしロケットを月に打ち込む、つまり人の頭の機械的な働きが功利的に利益をもたらすということは、実在するかどうかあやしい。利益は一応もたらしても、だからいいとはいいきれない。ベドイツング（意味）も何も考えるいとまがなかったから、原子爆弾を落としたりしてしまったに違いないのである。人類に対する利益だといっても、中身のことを考えずに、缶詰ばかりつくっているようなものだと思う。とにかく、情緒の中心が調和を失うことがどんなに恐ろしいかということは実在する。

3

日本のよさが失われるということがどんなに恐ろしいことか。歴史的情操というもの、なつかしむ同じ昔を持っているということがどんなにありがたいことか。土井《どい》晩翠《ばんすい》が「人生旧を傷《いた》

STANDARD BOOKS

岡　潔

数学を志す人に

命の数学

松岡正剛

ひたすら科学的愉快と数学的自由に浸りたくて、その手の本を読んできたのだが、何度も旋回《せんかい》がおこったり反転に出会ったりした。

ずいぶん前のことになるけれど、カントール、ポアンカレ、ワイル、高木貞治《ていじ》、ヒルベルトと読んできて、突如として岡潔のところでごろんと天地がひっくりかえった。『春宵十話』や『風蘭』や『紫の火花』のせいだった。数学は足元の「春の泥」というものに感じる情緒をこそ相手にしなければならない云々と書いてある。情緒とは何事か。これは多くの数学者たちが大好きな「美」とは違っている。岡潔は行き過ぎた人なのかと思った。ところがもう少し読みすすめているうちに、これらはそれぞれちゃんとつながっているのだと得心した。たとえば次のようなことである。

ふつう、調和というのはあれこれの違いを忖度《そんたく》して案配をはかることのようだと思われているが、ポアンカレは数学に一番必要なものは調和だと言っていた。岡潔がタルタリアの三次方程式の解法を自分勝手にとりくんだとき、三日三晩でタルタリアとは別の解法に達することができたことがあった。そのときのことを述懐して、岡潔は「調和が一段階深まればだいたい三十倍の速さで解答が出る」と書いている。なるほど、ポアンカレから岡潔まではひとつつながりだったのだ。

このことに合点してからは、あれこれの数学者たちの文章を読むたびに、そのどこかに「春の泥」が空の色を映してきらりと光っているのをさがすようになったものだった。意外にもフォン・ノイマンに「春の泥」がけっこう光っていた。

ふりかえってみると、岡潔に教えられたこと、嬉しくなったこと、虚を突かれたこと、泣きそうになったことはそうとうにある。

たとえば「勘は知力だ」「情緒は野に咲くスミレに感じる気持ち」「発見は一眠りしたあとにやってくる」というあたりは、まだおとなしい。「数学は闇を照らす光だから白昼にはいらない」「認印を捺《お》してもらわないと何かがすまないようなことには、大事なことはひそんでいない」「男と女が経験で知ろうとしているようなことは、もともと情緒が知り尽くしていたことだ」あたりになると、いささか居住まいをただしたくなる。

なかで、数学者は百姓に近いが、物理学者は指物師《さしものし》に近いという指摘はたいへん高速な判定力に至っていて、よくよく考えてみなければならなかった。数学の本来は「育種」にあるのだが、物理は一から十までが「加工」だというのだから、これは寺田寅彦の香りと岡潔の香りがかなり別ものだということで、ひょっとしたら「寺田先生は数学のことをおわかりにはなっていない」ということを言っているわけなのである。人によっては聞きずてならないだろう。

しかしこういうところが岡潔の真骨頂《しんこっちょう》であり、数学の面目躍如《めんもくやくじょ》というものなのだ。ヒルベルトからゲーデルをへてスコーレムに及んだ一連の超数学が究めようとした仮説をたどってみると実感できるのだが、数学というものはいっさいの「加工」から遠のくために、あえて「無に近い数学の将来」に全身全霊を賭けて、その先のミレーの稔《みの》りのようなものに何かを託しているようなところをもっているからだ。

寺田寅彦にはそういうところはない。寺田はアナロジカル・シンキングとロジカル・シンキングを鮮やかに合わせるところがみごとなのだ。中谷宇吉郎や樋口敬二もそちらに属する。

岡潔を読んでいて泣きそうになるのは、何度も何度も慈悲や観音力を説こうとしているときである。この人は「他力本願の数学」とでもいうものを信仰しているのかとさえ思わせる。

ただし、そういう岡潔が仏教について縷々《るる》説明しているところは、残念ながらおもしろくない。

脳科学について言及しているところも、当時の学説に従ったせいもあるけれど、実はおもしろくない。そうではあるのだが、岡潔がそうした「仏教脳」を踏み台にして日本と日本人の将来を念じようとしているところは、またまた泣かせるのである。

それは一朝一夕の祈念ではなかったからだ。岡潔は日本が戦争に突入した瞬間に「しまった、日本は亡びた」と感じた人である。以来、日本人が何を学びなおすべきかということを考え続けた。そして「命を感じるような数学者」になろうと心掛けてきた。そこから発した文章は、いま読んでも泣きたくなってしまう放埒《ほうらつ》が迸《ほとばし》っている。

まつおか・せいごう
編集工学研究所所長。一九四四年京都市生まれ。一九七一年、工作舎を設立。雑誌『遊』編集長、東京大学客員教授、帝塚山学院大学教授などを歴任。情報文化と情報技術をつなぐ研究開発に携わる。『松岡正剛千夜千冊』『知の編集工学』『日本という方法』『フラジャイル』『白川静』『千夜千冊番外録 3・11を読む』ほか著書多数。ウェブ「松岡正剛の千夜千冊」も日々更新中。

みては千古替《せんこかわ》らぬ情の歌、破壁声無き傍にまた落日の影を帯び、流るる光積り行く三千《みち》の昔忍ぶ時……(3)」

と歌っているが、それがあるからこそ、何となく人が集まるのである。いつか奈良の博物館で「白鳳《はくほう》・天平《てんぴょう》展」があったが、そこにはいると一、〇〇〇年前のふんい気に浸《ひた》ることができる。そこでは、そこに置かれているものがいいとか、悪いとか、そんな批評をしようという気は全然起こらない。そんなものをはるかに超越した何かがある。ただもう見ている。わずか一、〇〇〇年だが、いかに一、〇〇〇年というものが長いかがわかる。そして、そういうふんい気に浸るということを教えるのが、歴史というものの役目である。

古都の秋の日射しのわからないものに、真善美といってみてもチンプンカンプンである。真とは嘘でない、間違っていないということではなく、善とはよいということではなく、美とは美しいということでは決してない。人が追い求めてやまないもの、知らないはずだのに知っているような気のするもの、なつかしい気のするもの、である。それがわからねば、いにしえの斑鳩《いかるが》の里に来て、秋の日射しでも見ることだ。

京都は無条件にほめる気はしない。何か水っぽいという感じで、あまり好きになれない。これに反し奈良は全く世の栄枯盛衰をよそに生きている。少し前の奈良の築地《ついじ》のこわれなど、本当にいいものがあった。奥田知事は三笠《みかさ》温泉もあったほうが青い灯、赤い灯があって美しいなどといっているが、全然美がわかっていないのである。そんなものに文化がわかるはずがない。

人がそういうものを持つということ、それ自体たいへん不思議なことである。芥川は俳句で「調べ」ということを強調して、芭蕉の俳句を愛する人の耳に穴をあけたい、たいていの人は調べがわからない、という意味のことをいっている。調べは歌にも俳句にもあるが、これこそ美が実在するということの証拠であって、私はその人の心の窓がたまたま開いたときに聞かねばわからないものだと思う。

私の経験をいうと、人麿《ひとまろ》(4)の「淡海《あふみ》の海《み》夕波千鳥汝《な》が鳴けば心もしぬにいにしへ思ほゆ」という歌だが、息子が試験勉強でいっているのを聞いて、いい歌だなあと思った。しかし翌日になっても気のせいどころではない。ときがたつにしたがって、その調べが心の底で鳴りまさるのだ。卒業生にたのまれると、そればかり書いていたが、半年ぐらい続いた。

美というものはかほどまでに実在するのである。だから芭蕉一門が、ああいう生き方をしても何も不思議はない。ハーモニーまでは普通のわかり方でもわかるが、メロディーということになると、心の底である。あれは鳴りまさる。

鏡の中の自分を見つめていると、見ているうちに、フッと鏡の中へはいって向こうへ越えたというおとぎ話がある。つまり童心の世界である。そのように、この童心の世界にはいりこむことによってだんだんわかってゆくのが、調べというものではないか。美はそこにある。だから一口にいうと、普通真善美と思っているもののきわまるところに始まるのが、本当の真善美である。

たとえば真については芭蕉の「至極也《しごくなり》。理に尽《つき》たる物也」という言葉が当てはまる。ことわりの極まるところに真が始まるのである。それを体験しようと思えば、歌や俳句の中にある。人麿の歌や芭蕉の俳句をいくら高く評価しても評価しすぎることはない。奈良や京都のよさについても、同じことがいえると思う。

（一九六四年　六十三歳）

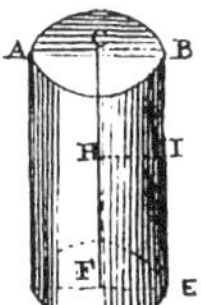
A
C
B
H
I
F
E

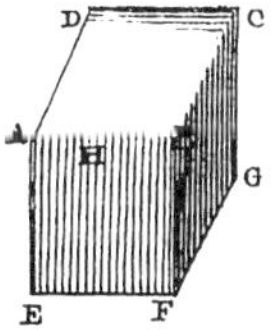
D
C
A
H
G
E
F

B
G
A
C
F
E
D

日本的情緒

新しく来た人たちはこのくにのことをよく知らないらしいから、一度説明しておきたい。このくにで善行といえば少しも打算を伴わない行為のことである。たとえば弟橘媛《おとたちばなひめ》(1)が、ちゅうちょなく荒海に飛びこまれたことや菟道稚郎子命《うじのわきいらつこのみこと》(2)がさっさと自殺してしまわれたのや、楠木正《くすのきまさ》行《つら》(3)たちが四条畷《しじょうなわて》の花と散り去ったのがそれであって、私たちはこういった先人たちの行為をこのうえなく美しいとみているのである。

「白露に風の吹きしく秋の野はつらぬきとめぬ玉ぞ散りける」(4)という歌があるが、くにの歴史の緒が切れると、それにつらぬかれて輝いていたこういった宝玉がばらばらに散りうせてしまうだろう。それが何としても惜しい。他の何物にかえても切らせてはならないのである。そこの人々が、ともになつかしむことのできる共通のいにしえを持つという強い心のつながりによって、たがいに結ばれているくには、しあわせだと思いませんか。ましてかような美しい歴史を持つくにに生まれたことを、うれしいとは思いませんか。歴史が美しいとはこういう意味なのである。

死んだ人たちの例ばかりあげたが、別に死ななければならないというのではない。私の友人に松原というのがある。三高を一緒に出て京大の数学科にもともに学んだ。二年の初めに幾何の西内先生にヘルムホルツ・リーの自由運動度の公理を教わって感動し（西内先生はそのとき「ナマコを初めて食ったやつも偉いが、リーも偉い」といわれた）リーの主著「変換群論」を読みあげるのだといって、ドイツ語で書かれた一冊六、七百ページ、全三冊のその本を小脇に抱え、かすりの着物に小倉のはかまをはいて、講義を休んで大学の図書館に通っていた。この図書室はみんなが勉強していて、その空気が好きだからといっていた。講義を聞きに通う私とは大学の中のきまった地点で出会うのだが「松原」というと「おお」と朗らかに答えるのが常だった。

この松原があと微分幾何の単位だけ取れば卒業というとき、その試験期日を間違えてしまい、出来てみると、もう前日すんでいた。それを聞いて私は、そのときは講師をしていたのだが、出題者の同僚に、すぐに追試験をしてやってほしいとずいぶん頼んでみた。しかしそれには教授会の承認がいるなどという余計な規則を知っていて、いっかな聞いてくれない。そのときである。松原はこういい切ったものだ。

「自分はこの講義はみな聞いた。（ノートはみならうずめたという意味である）これで試験の準備もちゃんとすませた。自分のなすべきことはもう残っていない。学校の規則がどうなっていようと、自分の関しないことだ」

そしてそのままさっさと家へ帰ってしまった。このため当然、卒業証書はもらわずじまいだった。

理路整然とした行為とはこのことではないだろうか。もちろん私など遠く及ばない。私はその後いく度この畏友《いゆう》の姿を思い浮かべ、愚かな自分をそのつど、どうにか梶《かじ》取ってきたことかわからない。

当時、卒業免状をもらわないで数学を続けるのは相当困難だったに違いないが、その後杳《よう》として消息を聞かない。何でも、大変大きな漁師の息子だとかいうことだったから、郷里へ帰って魚でもとっているのかもしれない。

宮沢賢治に「サウイフモノニワタシハナリタイ」というのがあるが、このくにの人たちは社会の下積みになることを少しも意としないのである。つとめてそうしているのではなく、そういうものには全く無関心だから、自然にそうなるのである。このくにのすぐれた先達《せんだつ》はここのところをつぎのようにみている。

「行仏の去就、これ果然として仏を行ぜしむるに、仏すなわち行ぜしむ」(5)(道元)

「学ぶことは常にあり、席に臨んで文台と我と間に髪を入れず。思うこと速かにいい出て、ここに至りてまよう念なし。文台引き下せば即ち反故《ほご》なり」(芭蕉)

隣国の孔子の教えでは、善行といえば時のよろしきにかなうといった意味になるのではないかと私には思われる。そうするとこの二つの善行の意味は大変違っているように見えるが、実は原因と結果との違いにすぎない。このくにの善行がなぜ孔子のいっているような結果を生じることになるかというと、全く私意私情を抜くことができれば大自然の純粋直観しか働かないことになって、これは決して誤《あやま》ることがないからである。

実践の面からみれば、このくにの善行はまことに手軽で便利であって、時の森羅万象を知りつくしてからでなければ一つの行為さえ行なえないというような大仕掛けなものではない。この間の事情を、このくにではつぎのようにいいあらわしている。

「正直のこうべに神やどる」

「目に見えぬ神に向いて恥じざるは人の心のまことなりけり」(明治天皇)

隣国で「大徳は生死を生死にまかす」といっているのも同じところを指したものである。もう一つ例をあげる。明治の終わりか、大正の初めの話だが、ある寺の奥さんが非常に高徳な上人のお話で、お浄土というよいところがあって死ねばそこへ行けると聞き、すぐに信じ切ってさっそく自殺しようとしたという。私はこれを聞いて、信じるということを初めて教えてもらったような深い感銘にすっかり打たれてしまった。この話に感動するのは私だけではないであろう。似て非なるものには全然こうした感銘はないのである。

明治天皇はご自身のことをいわれたのだと思うが、漱石先生にそのころのことを聞いてみよう。

聖天子上にある野ののどかなる
武蔵相模《むさしさがみ》山なきくにの小春かな
菫《すみれ》ほどの〔な〕小さな人に生れたし

何だか隣国の理想とする尭《ぎょう》、舜《しゅん》の世を思わせる田園風景ではないだろうか。ただし明治の軍国主義を抜いたとしてであるが。

はじめの善行に戻ると、フランスのジイドは「無償の行為」ということをいっている。これはこのくにの善行と似ているようだが、大分違う。このくにの善行は「少しも打算、分別のはいらない行為」のことであって、無償かどうかをも分別しないのである。

このような打算も分別もはいらない行為のさいに働いているもの、それが純粋直観である。これはまたこのくにの昔からのいい方では真智といわれる。ただ智力といってもよい。智力の光はたいていの人についていえば、感覚、知性、情緒の順序で上ほどよく射しこみ、下には射しにくい。一番下のこころの部分は智力が最も射しにくく、日光に対する深海の底のようなありさまにある。この智力が射さないと存在感とか肯定感というものがあやふやになり、したがって手近に見える外界や肉体は確かにあるが、こころなどというものはないとしか思えなくなる。かようにして物質主義になるのである。私欲の対象である金銭や権力が実在すると固執するだけでなく、情緒とか宗教とかいったものを毛嫌いするのである。

智力に二種類の垢《あか》がまつわりついている。外側のものを邪智、または世間智、内側のものを妄智、または分別智といい、これに対して智自身を真智という。

胃が、あるいは歯が、ちくりちくりと痛み続けているとする。それが長く続くと、しまいには「自分の胃が痛くてたまらない」となるだろう。この「自分の」と「たまらない」という感じ方、これが習慣になって身についてしまうと、ついにはこうしか見られなくなってしまう。これが邪智の目なのである。大衆はこの邪智の目でものを見ている。いつの世でもそうであって、これが人心の機微《きび》といわれるものである。大衆のこころの不変の特徴は、ものの欠点だけが目につくこと、不公平が承知できず、また全くこらえ性がないことである。そして、悪いのは自分でなく他人だと思いこむことである。しかも邪智にはいくらでも悪質のものがあり得る。全く底が知れないのである。

つぎに内側の垢、つまり妄智であるが、私が三高の一年生で林鶴一《はやしつるいち》著の「不等式」の問題を解いたとき、その序言に「人の頭の利鈍を分かつには不等式ほど適したものはない」とあった。ところが、私は大小関係があることまではすぐわかるのだが、その下の、ではどちらが大きいのかというところからはさっぱりわからない。方角も同様で、方角があるというところまではすぐわかるのに、どちらが西で、どちらが東かはさっぱりわからず、街を歩いていても、一度店へはいって出ると、すましてもと来たほうへ戻っている。思い切ってこの下の部分を切り捨ててしまって、上の部分だけにするくふうをしてみると、ふしぎに思索の足が軽々と運べて、たいていの問題には困難を感じない。変だなあ、自分は頭が半分だけ生まれつき鈍なのかなあと思っていたのだが、あとで気づいてみると、この切り捨てた下の部分が妄智、分別智だったのである。

大学三年のときのこと、お昼に教室でべんとうを食べながら同級生と議論をして、その終わりに私はこういった。

「ぼくは計算も論理もない数学をしてみたいと思っている」

すると、傍観していた他の一人が「ずいぶん変な数学ですなあ」と突然奇声を張り上げた。私も驚いたが、教室の隣は先生方の食堂になっていたから、かっこうの話題になったのであろう、あとでさまざまにひやかされた。ところが、この計算も論理もみな妄智なのである。私は真剣になれば計算はどうにか指折り数えることしかできず、論理は念頭に浮かばない。そんなことをするためには意識の流れを一度そこで切らなければならないが、これは決して切ってはならないものである。計算や論理は数学の本体ではないのである。

この垢が取れていくと、こころは軽々ひろびろとなり、何ともしれずすがすがしくなる。まるで井の中の蛙《かわず》が初めて地表とかいうものの上に出たときのような気持である。

「夏蛙《なつがえる》瀬戸の菜の花咲きにけり」（一茶）

私は三高のときよく歌った寮歌の一節を思い出す。「それ濁流に魚住まず、秀麗の地に健児あり」わざわざこんなことをいうのは、この平凡な一句が日本的情緒を端的にいいあらわしていると思うからである。私は奈良女子大に私の研究室を持っている。くにから何の援助も受けていないから何の制約もない。そこの唯一の規約は「世間を持ちこむな」ということであって、もちろん私も守らなければならない。ここはだから空気が澄んでいる。ここから眺めていると、世のさまざまの相まではわかっても、そのにごりの度合はよくわからない。

しかし、近ごろときどきあちらこちらに話をしに出かけるのだが、そうするとにごりの度に応じて疲労度がふしぎなほど違う。やはりにごりは単なる言葉ではなく、こんなにも実在するのだなとつくづく思う。感覚、知性、こころ、とだんだん深くなるほど真智の光が射しにくいといったが、いまのこのくにに六十人に一人本格的な精神病患者がいるとする。患者はだれがみてもぼやーっとしている。これは外界に関する意識がそうであるため、感覚に真智の光が射さないのだといえる。そうすると、どんなふうに教育してみても知性に真智の光が射さない者、つまり一皮むいたら病人だというのが十倍はいる。少なくとも六人に一人ということである。さらに一皮むいて、こころに真智の光の射さない者、こころではかったら病人だという者は、少なくとも六人に十人という妙な比率が出る。しかし私はまだその意味づけはしていない。数学はそこまでは手が回らないのである。ともかくこれがいまの世の姿であるという事実を為政《いせい》者《しゃ》はぜひ知っていてほしいものである。このさい、ぜひいい添えておきたいことは、現在最も恐ろしいものは「動物性」であって、これは残忍性のウィルスの最もよい温床だという事実である。

はじめにいったこのくにの人たちの善行であるが、これは、大自然からじかに人の真情に射す純粋直観の力なのである。このくにに古くからいる人たちにはこの智力が実によく働くのである。それはたび重なる善行によって、情緒が実にきれいになっているからである。新しく来た人たちも絶えずそう心がけておればだんだんそうなっていくのであって、自分にできないから他にもできないなどと速断すべきではない。人の心情にさす智力がよく働きさえすれば、その人を枢要《すうよう》の地位に安んじておくことができるのである。

善行とは分別智のはいらない行為だといったが、私の祖父はこのことを十分よく知っていたとみえて、私の数えて五つの年から自分の死に至るまで、一貫して、「他を先にし自分をあとにせよ」という道義教育を施した。また父は私を学者にするつもりだったから、私に中学の寄宿舎にはいるまで金銭に一切手をふれさせなかった。この効果はてきめんで、私は今日まで一度も金銭に関心を持った経験はない。このように、私たちより少し前の人たちは実によく善行の特質を知っていて、それが少しでもやりやすいようにいろいろくふうして家庭教育をしていたと思われる。このくにのありがたさは、ただそうしていればよいというところにあるので、哲学などいらないから、なかったのは当然であろう。そして絶えず善行を行なっていると、だんだん情緒が美しくなっていって、その結果他の情緒がよくわかるようになり、それでますます善行を行なわずにいられないようになるのである。これが古くからのこのくにのくにがらである。こうして日本的情緒ができ上がったのであって、この色どりはちょっと動かせない。春の野にはレンゲやタンポポもあるが、スミレもあるというようなもので、スミレに急にレンゲになれといってもそれは無理というものであろう。

この日本的情緒がくにの中身である。これが決まっているのだから、箱に相当する教育や政治はこれに合わせて作るほかないのである。私たちが幽遠《ゆうえん》の世から続いてきたこの美しい情緒の流れを悠久の後までも続けさせる使命を負っているのを考えるとき、いまは何よりも教育、特に義務教育が重大なものとして浮かび上がってくる。

くにが子供たちに被教育の義務を課し、それを三十年続けてひどく失敗すれば、そのくには滅びてしまうだろう。ところでこのくにでは最近概算十年、新学制のもとに義務教育の卒業生を出したが、これは明らかに大変な失敗である。顔つきまで変わってしまうほどに動物性がはいってしまい、大自然から人の心情に射す純粋直観の日光は深海の底のようにうすくされているからである。かつて毎日新聞に連載された「春宵十話」でも触れたが、戦後、女性の初潮が三年早くなったのも、人が人であるゆえんのもの、つまり「道義」を入れるのを忘れた結果、成熟が早められたとしか考えられない。しかし、本当は道義教育をこそ義務として課すべきではないだろうか。そして義務教育はそれだけで十分なのではなかろうか。

いまの義務教育はもう胃ガンと同じ症状を見せている。手遅れでないとはいい切れない。治療法としては、直《ただ》ちに切開して「疑わしきは残さず」の原理によって「人」も「学科」も「やり方」も清掃してしまうほかはない。何よりもまず、動物性を持った者を教育者にしないことである。闘争性、残忍性、少しでもそんなものがあってはいけない。師弟は互いに敬愛すべきであって、大自然の子を畏敬尊崇《いけいそんすう》できない者は小学校に師たるの基本が欠けているのである。

ともかく人の子という敬虔《けいけん》の念なしにやっている者は、教師でも学科でもみな削り、残った者だけで教育をやればよいのである。極端なことをいうと思われるかもしれないが、少なくともこれぐらいにいわなければ問題の所在はわかってもらえない状態にある。

敬虔ということで気になるのは、最近「人づくり」という言葉があることである。人の子を育てるのは大自然なのであって、人はその手助けをするにすぎない。「人づくり」などというのは思いあがりもはなはだしいと思う。

さし当たって教育をどう改めていくかであるが、経験から学ぶのが科学であるからには、暗中模索するよりは、戦前に戻してそこから軍国主義を抜けばよいと思う。だいぶ以前だが、ある小学校の先生から「算術はこれまで演繹《えんえき》的に教えていたのを、近ごろ帰納《きのう》的に教えなければいけないといわれているが本当でしょうか」とたずねられた。とんでもないことで、私たちの世代は、私にしても、中谷宇吉郎《なかやうきちろう》さんや湯川秀樹、朝永振一郎《ともながしんいちろう》両君らにしても、算術を帰納的になんか習いはしなかった。そのかわり、検算は十分にやらされたものである。数学教育に関する限りは、このころまで戻るべきだと思う。

動物性の侵入を食いとめようと思えば、情緒をきれいにするのが何よりも大切で、それには他のこころをよくくむように導き、いろんな美しい話を聞かせ、なつかしさその他の情操を養い、正義や羞恥《しゅうち》のセンスを育てる必要がある。

そのためには、学校を建てるのならば、日当たりよりも、景色のよいことを重視するといった配慮がいる。しかし、何よりも大切なことは教える人のこころであろう。国家が強権を発動して、子供たちに「被教育の義務」とやらを課するのならば「作用があれば同じ強さの反作用がある」との力学の法則によって、同時に自動的に、父母、兄姉、祖父母など保護者のほうには教える人のこころを監視する自治権が発生すべきではないか。少なくとも主権在民と声高くいわれている以上は、法律はこれを明文化すべきではなかろうか。

いまの教育では個人の幸福が目標になっている。人生の目的がこれだから、さあそれをやれといえば、道義というかんじんなものを教えないで手を抜いているのだから、まことに簡単にできる。いまの教育はまさにそれをやっている。それ以外には、犬を仕込むように、主人にきらわれないための行儀と、食べていくための芸を仕込んでいるというだけである。しかし、個人の幸福は、つまるところは動物性の満足にほかならない。生まれて六十日目ぐらいの赤ん坊ですでに「見る目」と「見える目」の二つの目が備《そな》わるが、この「見る目」の主人公は本能である。そうして人は、えてしてこの本能を自分だと思い違いするのである。それでこのくにでは、昔から多くの人たちが口々にこのことを戒《いまし》めているのである。私はこのくにに新しく来た人たちに聞きたい。「あなた方は、このくにの国民の一人一人が取り去りかねて困っていることの本能に、基本的人権とやらを与えようというのですか」と。私にはいまの教育が心配でならないのである。

（一九六三年　六十二歳）

物質主義は間違いである

今の日本人は大抵皆こう思っている。始めに時間空間というものがある。画を描くとき始めに画用紙があるようなものである。その時間空間の中に自然がある。自然は物質である。その一部が自身の肉体、これも勿論《もちろん》物質である。その肉体とその機能とが自分である。かように基本的なものは皆物質によって言い表わすことが出来る。だから物質によって言い表わしたもの以外は充分な説明ではない。こんな風にしか思えないのである。

今の日本人は大抵人は皆こんな風な自然の中に住んでいると思っている。然《しか》し明治までの日本人はこんな風な自然の中に住んでいるとは思っていなかった。ではどう思っていたのかというと仏教が言うような自然の中に住んでいると思っていたのである。仏教はこう言っている。始めに心がある。その中に自然があるのだ。仏教はどういう論法でそう言うのかといえば、人が自然があると思うのは自然がわかるからである。わかるのは心の働きである。だから自然は心の中にあるというのであって、一応認識的である。

そうすると今日本には、人が現にその中に住んでいる自然について二説あるわけである。一を物質的自然、他を仏教的自然と呼ぼう。私達はどちらが間違っているかを出来うれば理性的にきめなければならない。そのため身辺のことをよく見直してみよう。

私は今眼を開いている。そうすると景色が見えている。眼をふさげば見えない。この眼をふさげば見えないというのは物質現象である。これはよくわかる。然し眼をあけると見えるのは、これこそ生命現象であるが、何故《なぜ》見えるのだろう。これについて西洋の学問は何も教えて呉《く》れない。この方面を受け持っている西洋の学問は自然科学、さらに詳しく言えば医学である。医学は見るということについては、視覚器官という道具がからだにあって、そのどこかに大きな故障があれば見えないと言っているだけで、故障が無ければ何故見えるかについては一言半句も言っていない。即《すなわ》ちこれも亦《また》物質現象の説明であって、眼をふさげば見えないというのと同じである。それでは眼をあければ何故見えるかということについて人は知らないこと太古のままなのかと言えば、先程も一寸《ちよつと》言ったように、仏教はくわしく説明しているのである。

人が普通経験する知力は理性のような型のものである。その特徴は二つある。一つはその働かし方であって、働かそうと思わなければ働き始めないし、その後も努力し続けなければ働きつづけない。つまり意識的にしか働かない。今一つはそのわかり方であって、少しずつ順々にしかわかって行かない。然したとえば仏道を修行するとそうでない知力を体験する。無意識裡《り》に働き、一時にぱっとわかる。仏教はかような知力を無差別智といっている。私達が肉眼を使って色々なことをするように仏道の修行は無差別智を使ってする。そうすれば無差別智が益々《ますます》よく働くようになる。それで非常な高僧には無差別智が非常によく働いたのである。そんな高僧はごく稀《まれ》にしか出ないが、それでも仏教が日本に伝わってから千四百年にもなるから、相当数非常な高僧が出ていて、無差別智のことはくわしく書き残されている。真言宗だけは別であるが、仏教の他の諸宗は無差別智をその働き方によって四種類に分《わか》っている。これを四智というのである。その名称をあげると、大円鏡智《だいえんきようち》、平等性智《びようどうしようち》、妙観察智《みようかんざつち》、成所作智《じようしよさち》である。

眼をあけると見えるのは四智が皆働くのである。見えるのは一つの情景が見えるのである。

これは大円鏡智の働きである。部分部分をよく見れば色形がはっきりわかる。これは成所作智の働きである。その情景が実際あるとしか思えないのは平等性智の働きである。この智力は存在感を与えるのである。じっと見ていると自分の心がその情景の色どりに染まる。これは妙観察智の働きである。

眼をあけると見えるのはこの無差別智が働くからである。働かせているという意識は無いし、効果も一時にぱっとわかってしまって、何かの効果だということがわからないからただ不思議に思うのである。

私達の身辺のことは知覚作用と運動作用とに区別されている。知覚作用の第一は見ることである。これは無差別智の働きであった。他のものも大体似たものであろう。それで次には運動作用を見よう。

私は今座っている。立とうと思う。そうするとすぐ立てる。これも亦不思議である。全身四百いくつの筋肉が咄嗟《とっさ》に統一的に働いたのである。どうしてこんなことが出来るのだろう。これに対しても西洋の学問は何も教えて呉れない。然しこの不思議は二度目であるから今度は見当がつく。これも亦無差別智が働いたのであろう。実際そうであって、此《こ》の時は妙観察智が働くのである。妙観察智には色々な働き方があって、華厳教《〔ママ〕》がよくしらべているのであるが、此の時は古来一即一切、一切即一といい慣わされている働き方で働くのである。

ここを今少しくわしく見よう。初めに立とうという気持がある。その気持に様々ある。だから発端に情緒があるのである。そうすると人は立つのであるが、その立ち方がよくこの情緒を表現している。すっくと立ち上がるのもあれば、ふらふらと立ってしまうのもある。他の運動作用も同じことであって、人は妙観察智によって、情緒を四次元的に表現することによって動作しているのである。

この妙観察智が人に備わるのは生後十六ヵ月目であって、そうするとそれまでほたほたしか笑えなかった子がにこにこ笑えるようになる。

かように自然科学は人の生命現象について何一つ教えて呉れないのである。

人の智覚運動すべて無差別智の働きによるのである。わかって見れば人の肉体は無差別智の大海の中の操り人形のようなものである。

それで人の現実にその中に住んでいる自然は、単に肉体に備《そな》わった五感でわかるような部分だけではなく、五感ではわからないが無差別智が絶えず働きつづけているようなものでなければならないと言うことになった。

仏教は無差別智は心に働くのだと言っている。心にはギリシャ人の分け方で知・情・意と三方面がある。仏教は無差別智は心のこの三方面のすべてに働くのだと言っている。ともかく無差別智が働くということは心の現象である。

仏教は心の中に自然があるのだといっていると言った。その心であるが、これは共通であって同時に一人々々個々別々だというのである。

そうすると、二つの心の関係は一つであって同時に二つである。こんな風だから心の世界は数学の使えない世界である。これに反して物質の世界は数学の使える世界である。実際自然科学者は物質現象の説明を数学に帰着せしめることを理想としている。だから物質的自然には無差別智は働き得ない。だから人が現実にその中に住んでいる自然は物質的自然ではない。かように物質主義は間違いである。

自然科学と物質主義との関係であるが、自然科学とは自然とは何かと言うことを言明しないで、自然について研究した文献の集まりに過ぎない。だからそれ自体は無性格であって、人がそれをどう取り扱うかによって初めて性格が定まる。

日本のように自然科学はやがてすべてを説明すると思うのだったら完全な物質主義である。欧米では人は自然科学を信じると共に多くはキリスト教の神を信じている。だから完全な物質主義では無い。然し欧米人は人は未だに人の知覚、運動について何一つ知らないことに気付いていない。これは自然科学の悪影響である。だから欧米に於《お》いても自然科学は大体物質主義である。共産主義の人達に対しては、完全な物質主義である。

それならば自然科学は物質現象だけならば何時《いつ》かは一通り説明出来そうかというと、私はそれも出来ないと思う。何故かというと到底乗り越えられそうもない二つの難問題があるからである。一つは、私は旧制高等学校の時そう思ったのであるが、物質が常に諸法則を守って決して違背《いはい》(1)しないのは何故だろうということである。今一つは時間、空間、特に時間とは何だろうという問題である。

（一九六八年　六十七歳）

宗教について

太平洋戦争が始まったとき、私はその知らせを北海道で聞いた。そのときとっさに、日本は滅びると思った。そうして戦時中はずっと研究の中に、つまり理性の世界に閉じこもって暮らした。

ところが、戦争がすんでみると、負けたけれども国は滅びなかった。そのかわり、これまで死なばもろともと誓い合っていた日本人どうしが、われがちにと食糧の奪い合いを始め、人の心はすさみ果てた。私にはこれがどうしても見ていられなくなり、自分の研究に閉じこもるという逃避の仕方ができなくなって救いを求めるようになった。生きるに生きられず、死ぬに死ねないという気持だった。これが私が宗教の門にはいった動機であった。

戦争中を生き抜くためには理想だけで十分だったけれども、戦後を生き抜くためにはこれだけでは足りず、ぜひ宗教が必要だった。その状態はいまもなお続いている。宗教はある、ないの問題ではなく、いる、いらないの問題だと思う。

宗教と理想とは世界が異なっている。簡単にいうと、人の悲しみがわかるというところにとどまって活動しておれば理想の世界だが、人が悲しんでいるから自分も悲しいという道をどんどん先へ進むと宗教の世界へはいってしまう。そんなふうなものではないかと思う。いいかえれば、人の人たる道をどんどん踏みこんでゆけば宗教に到達せざるを得ないということであろう。

大学生のころ、宗教に熱心だった叔母から、ある洋服屋さんが「世の中にはなぜこうも悲しい人や悲しいことが多いのだろう。それを思うと自分はまことに悲しい」といったという話を聞いて「この洋服屋さんは実に宗教的な素質がある。自分などはとてもこんな感じ方はできない」と思った経験があるが、人の悲しみがわかること、そして自分もまた悲しいと感じることが宗教の本質なのではなかろうか。キリストが「愛」といっているのもこのことだと思う。

芥川龍之介は「きりしとほろ上人伝」の中で、キリストを背負って嵐《あらし》の吹き荒れる河を渡りながら上人が「お前はなぜこんなに重いのか」とたずねたとき「自分は世界の苦しみを身に荷《にな》うているのだ」とキリストに答えさせている。芥川は的確にキリストの本質をついていると思う。前へ進むのに謙虚さでいく人と理想追求でいく人とあるとすれば、芥川は後者で、謙虚さよりも理想が勝っていたが、人物評論は随分《ずいぶん》よくできる人だった。また、彼は釈迦《しやか》についても「沙羅《さら》のみづ枝に花さけば悲しき人の目ぞ見ゆる」といっている。「観音大悲」というのはただ悲しいのである。仏像でも、技芸天や笛吹童子は芸術的にすぐれていても悲しみはあらわれていない。しかし、百済《くだら》観音（1）や三月堂の月光菩薩《がっこうぼさつ》（2）は悲しみの重さを十分知っているという目をしている。

宗教と宗教でないものとの違いは、孔子と釈迦やキリストをくらべればはっきりする。孔子は「天、道を我に生ず」といっているが、この「天」は「四時運行し万物生ず」といった大自然の行政機構のことである。また「仁」については説けず、ただ理想として語り得たにすぎない。孔子の述べたものは道義であって、宗教ではなかったといえるだろう。

またキリスト教の人たちでも、たとえば安部磯雄《あべいそお》（3）、賀川豊彦《かがわとよひこ》（4）といった人が世の悲しみをなくすためにいろいろな活動をした。それはもちろん立派なことに違いないが、それ自体は理性的な生き方であって宗教的な生き方とはいえないのではないか。こうした奉仕的な活動は、おおらかに天地に呼吸できるという満足感を与えるけれども、それは理性の世界に属することだと思う。いまも普通は宗教的な形式を指して宗教と呼んでいるようだが、これは分類法が悪いのだという気がする。

理性的な世界は自他の対立している世界で、これに対して宗教的な世界は自他対立のない世界といえる。自他対立の世界では、生きるに生きられず死ぬに死ねないといった悲しみはどうしてもなくならない。自と他が同一になったところで初めて悲しみが解消するのである。

人の世の底知れぬさびしさも自他対立自体からくるらしい。そのへんのところを芥川はよく知っている。「秋深き隣は何をする人ぞ」の句をとらえて彼は「茫々《ぼうぼう》たる三百年、この荘重の調べをとらえ得たものは独り芭蕉あるのみ」と評している。この考えをふえんして自分で創作を書いたのが「秋」の一編である。ここには芭蕉ほどの荘重の趣《おもむ》きはないが、そのかわりシャボン玉に光の屈折するような五彩のいろどりが出ている。そうして人の世のはかないあわれさが非常にきれいに描かれている。自覚してそれを描いたという部分が特によい。芥川もこれに非常な自信を持っていたことが書簡集を読んでみるとよくわかる。とりわけ、原稿がまだ活字になる前に何度も編集者の滝田樗陰《ちょいん》(5)に手紙を送って訂正しているが、その訂正のしかたが実におもしろい。

漱石も人の世のあじきなさを描こうとしたのに違いない。漱石の意図がどこにあったにせよ、「明暗」にはそれがよく出ている。人の世のさびしさ、あじきなさを何かのきっかけで自覚すると、自他対立の理性的世界であること自体からそのさびしさがきていることがわかり、ここから救われるためにみな宗教の世界へきている。

宗教の世界には自他の対立はなく、安息が得られる。しかしまた自他対立のない世界は向上もなく理想もない。人はなぜ向上しなければならないか、と開き直って問われると、いまの私には「いったん向上の道にいそしむ味を覚えれば、それなしには何としても物足りないから」としか答えられないが、向上なく理想もない世界には住めない。だから私は純理性の世界だけでも、また宗教的世界だけでもやっていけず、両方をかね備えた世界で生存し続けるのであろう。

(一九六三年　六十二歳)

六十年後の日本

私は人というものがなによりたいせつだと思っている。私たちの国というのは、この、人という水滴を集めた水槽のようなもので、水は絶えず流れ入り流れ出ている。これが国の本体といえる。ここに澄んだ水が流れ込めば、水槽の水はだんだんと澄み、濁った水が流れ込めば、全体がだんだんに濁っていく。それで、どんな人が生まれるかということと、それをどう育てるかということが、なにより重大な問題になる。人という存在の内容が心であり、心が幼いころに育てられるとすれば、とりわけ義務教育がたいせつであることはいうまでもない。

ただ、どう育てるかが問題だといっても、教育でどんな子でもつくれるというのではない。本当は人が生まれるのは大自然が人をして生ましめているのであって、各人はそれを自分の子と思っているが、正しくは大自然の子である。それを育てるのも大自然であって、人をしてそれを手伝わしめているのが教育なのである。それを思い上がって、人づくりとか人間形成とかいって、まるで人造人間か何かのように、教育者の欲するとおりの人がつくれるように思っているらしいが、無知もはなはだしい。いや、無知無能であることをすら知らないのではないか。教育は、生まれた子を、天分がそこなわれないように育て上げるのが限度であって、それ以上によくすることはできない。これに反して、悪くするほうならいくらでもできる。だから教育は恐ろしいのである。しかし、恐ろしいものだとよく知った上で謙虚に幼児に向かうならば、やはり教育はたいせつなことなのである。

個人について見るに、楠木正成《くすのきまさしげ》の妻は、夫の敗死を知るやただちに正行《まさつら》たちを育てることに専念し、フレデリック大王の御妃《おきさき》は、夫の降伏を知るや時を移さず二王子の養育に専念した。国についても同じことであろう。敗戦の痛手を直すには、よい母たちを育ててよい子たちを産み、よく育ててもらうのがなによりたいせつである。私はそう考えたからそういってきた。それから十数年になるが、私の勤めている奈良女子大学内でしかいわなかったから、外へはさっぱり伝わらないらしい。これではいけないから、外へ向かって呼びかけようと考えていた。

その矢先だった。三歳児の四割までが問題児だと聞いたのは。厚生省がそう発表したと二か月ほど前の毎日新聞にのっていたのである。医学的にみてはっきりとわかる者の数であって、きわめて重大な欠陥にしか目をつけていないのに、これだけの数字を示している。となると残り六割の半分に当たる三割も疑問といえる。この状態がそのまま続くとすれば、六十年後には国民の四割が廃人ということになり、国民のうち本当に頼れるのはとても三割はないと思うべきだろう。それで国がやっていけるものだろうか。

問題児が四割というのは、父母が悪い子を産んだのであって、その子たちはより悪い父母に成長し、さらに悪い子を産むだろうから、放任すればこの四割という比率は増大するだろうし、内容的にも悪質になっていくといえる。こんな事態になったのはひとえに、種族保存の本能を享楽の具と考えたためであろうが、これを直すにはどうすればよいだろうか。私は次の三つを同時に努めねばならないと思う。

まず、戒律を守らせる教育である。時実利彦《ときざねとしひこ》著『脳の話』（岩波新書）を参照していえば、大脳皮質は古皮質と新皮質とに大別され、古皮質は欲情の温床であってサルなどとあまり違わないが、新皮質は人の人たるゆえんのものをつかさどっている。

そして、サルなどの古皮質には、いわば自動調節装置が備《そな》わっていて、おのずから節度あるようになっているが、人には全然その装置がない。そのかわり、人には大脳前頭葉《ぜんとうよう》に抑止する働きが与えられていて、この働きを使って欲情や本能を適度におさえることができる。さらに衝動や感情や意欲を抑止し、それによって向上することができる。他の動物たちにしてみれば、うらやましいことであろう。しかし、意志しなければ抑止力は働かないのであって、欲情、本能もその例外ではない。

それで、戒律を守らせないで人の子を内面的に育てることは不可能といえる。教育がそのことをよく知って改めなければ、欲情や本能がその人を支配することになってしまう。いまは「なになにしなさい」という教育ばかりで「なになにしてはいけない」という教育はほとんど行なわれていない。これがなにより心配なことである。それにしても、終戦後二、三年という目をおおいたいような人心混乱のさなかに、どう考えてそれまであった戒律を取り除いてしまったのだろうか。

第二に国の心的空気を清らかに保ってほしい。町にごみを捨ててもまあ大したことにはならないが、国の心的空気を汚すと、それがただちに子供たちの情緒の汚れとなり、それが大脳の困った発育状態となってあらわれる。そうであるのに、まるで汚さなければ損だと思っているかのように汚しているのが現状で、とくに種族保存の本能の面でそういえる。これはすべて厳禁すべきで、学校も厳罰をもってのぞむべきであろう。

進駐軍が初めて来たとき「進駐軍は日本を骨抜きにするため、三つのSをはやらせようとしている」という巷説《こうせつ》があった。セックス、スクリーン、スポーツである。今やこの三つのSは、この国に夏草のごとく茂りに茂っている。私に全くわからないのは、この国の人たちはこれをどう見ているのであろうかということである。

第三に男女の性の問題がある。この問題を見きわめることは非常にむずかしい。男女の性別は真の生命の根源には見られないが、根源にごく近いところにすでに見られるように思われる。もちろん肉体以前のところである。私には、女性は情から知へ意志が働くし、男性は知から情へ意志が働くように見える。すると二つ合わせると、意志は全く働かないことになって安定するのかもしれない。

ともかく、男女は肉体以前にすでに相ひき、そこに男女間の愛情が生まれるようである。だから種族保存の本能のところには、精神的なものと肉体的なものとが混合しており、そのため他の欲情のようには簡単に抑止できないのであろう。

また、うまくいっている夫婦というのは、たとえば共同事業で二人の男性の仲がうまくいっているときのように簡単なものではない。仲のよい夫婦の典型は実に多種多様で、描写することがすでにむずかしい。とすれば教育者は男女問題について何を目標に教えればよいのであろう。

教育は全力をあげてこの点を究明すべきで、もし手にあまるようならば、少なくともしばらくは元の男女別学に返すべきであろう。それにしても私に全くわからないのは、アメリカの夫婦が一般に見習うべきものではないことぐらいすぐわかりそうなものを、なぜなんの用意もなく男女共学に改めたのだろうということである。

ところで、これらの点を十分つとめても、六十年後には日本に極寒の季節が訪れることは、今となっては避けられないであろう。教育はそれに備えて、歳寒《さいかん》にして顕《あらわ》れるといわれている松柏《しょうはく》(1)のような人を育てるのを主眼にしなくてはならないだろう。この寒さに耐え抜くことができさえすれば、一陽来復(2)も期し得られるかもしれないが、私は、人力だけでここが乗り切れるものだろうかと思っている。

ここまでを心のなかで描いたとき、テレビでこんなことを聞いた。

「内藤文部次官は、将来大学の入学試験を一本にして、試験問題は能力開発研究所から出す方針で、いま反対する大学を説得中である」と。

私は耳を疑った。そんなテストは、考えもしないで答えてしまう衝動的判断の能力を調べるだけで、本当の智力とはなんのかかわりもない。この案が通れば、お母さんたちは目の色を変えて満二、三歳のこどもに衝動的判断力を増す教育を始めるだろう。そうするとどういう恐ろしい結果になるか、私には想像もつかない。たぶん子供たちは、小さいうちに頭が固まってしまい、カボチャが小さいままひねてしまったようになるに違いない。

道は断崖にきわまっていることを知ったから、どれくらい深いかとのぞき込んでみたのだが、谷底は見るよしもなかったのである。もし転落し始めたら、今度こそ国の滅亡が待つばかりであろう。

（一九六五年　六十四歳）

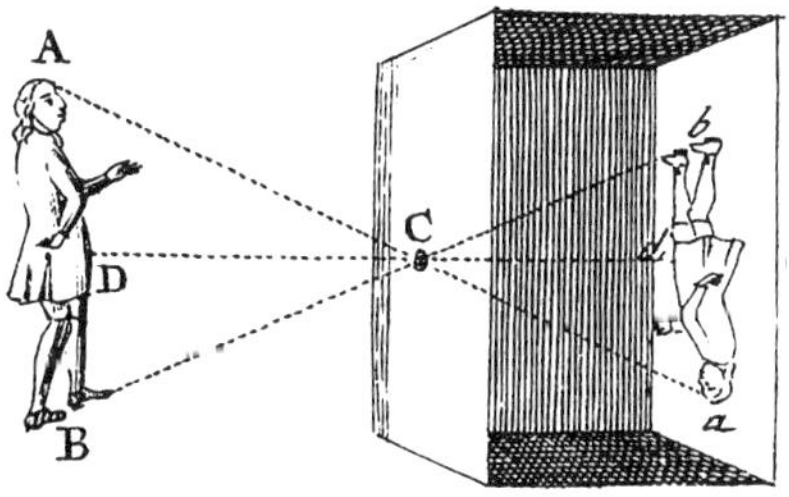
A
C
D
B
b
d
a

人とは何か

1

自然科学をよく調べて見よう。

自然科学者はこう思っている。始めに時間、空間というものがある。その中に物質というものがある。物質とは途中は、たとえば赤外線写真にとるとか、たとえば電子顕微鏡《けんびきょう》を使うとか色々工夫してもよいが最後は肉体に備わった五感でわかるものである。わからないものは無いのである。

この物質が自然を作っている。その一部が自分の肉体である。肉体は時間と共に変化するから機能が出る。自分の肉体とその機能とが自分である。

自然科学者はこう考えているのであるが、私にはこれは自然そのものではなくて、自然の一つの簡単な模型だとしか思えないのである。それでこれを物質的自然とよぶことにしよう。物質的自然の中を科学するのは一つの研究方法であるが、こんな簡単なものを科学して、生命現象がわかるのだろうかという疑問が起こる。それで聞いて見よう。

人は生きている、だから見ようと思えば見える。何故《なぜ》であるか。これに対して自然科学はエッセンシャルな（本質的な）ことは何一つ答えられない。

立とうと思えば立てる。このとき全身四百いくつの筋肉が突嗟《とっさ》に統一的に働くのであるが、何故そういうことが出来るのか。これに対しても自然科学はエッセンシャルなことは何一つ答えられない。

人の知覚、運動について何一つ答えられないのである。生命現象は一つもわからないのである。

それでは物質現象ならば、皆わかっているのだろうか。物質がよく諸法則を守って決して違《い》背《はい》しないのは何故であるか。自然科学はこれに対しても一言も答えられない。

だから自然科学にわかることは物質現象の一部に止まるのである。

2

物質現象の一部しかわからないというのでは完全な無知と大して違わない。仏教はどういっているのだろう。

仏教はこう云うのである。仏教は心を層に分かって説明している。心の層を識という。心の奥底は第九識である。

始めに第九識がある。第九識は一面唯一つであって、他面一人一人個々別々である。第九識を一人一人個々別々という方面から見た時これを個という。

この個が個人の中核である。

以下各個についていう。

第九識に依存して、第八識がある。ここには総《す》べての時がある。然《しか》しそれ以外に何もない。

第八識に依存して、第七識がある。ここに到って大小遠近彼此《ひし》の別が出る。彼此の別とは自他の別である。

この第九、八、七識をいわば軸として、これに肉をつけたのが、自然であり、人々であり、その一人が自分である。

この第八及び七識の分類法は私が少し変えたのであるが、これは単に言葉の上の問題である。仏教には今言ったことを否定する宗派は無いと思う。

それで仏教に問うて見る。見ようと思えば見えるのは何故であるか。

それに対して仏教はこう答える。

人の普通経験する知力は理性のような型のものである。意識しなければ働かないし、そのわかり方は少しずつ順々にしかわかって行かない。然し人には時として、たとえば仏道の修行の時等、これと全く違った型の知力が働く。無意識裡《り》に働いて、一時にパッとわかってしまう。これを無差別智という。知力とは知、情、意に働く力である。

四種類の無差別智がある。大円鏡智《だいえんきょうち》、平等性智《びょうどうしょうち》、妙観察智《みょうかんざつち》、成所作智《じょうしょさち》。

無差別智については山崎弁栄《べんね》著『無辺光』（講談社刊）参照。（弁栄上人は仏教の一宗、光明主義を創《はじ》められた方である。光明主義では、第九識を唯一つという方面から見たとき、これを唯一絶対の如来と見、無量光寿の如来と申し上げる。四智〈四つの無差別智〉はこの如来の光明と見て、これを無辺光如来と申し上げるのである。）

さて、見ようと思えば見えるのは四智が皆第九識（個）に働く為《ため》である。立とうと思えば立てるのは妙観察智が第九識に働く為である。人の知覚、運動、すべて無差別智が第九識に働く為に出来る。

人が観念できる（たとえば哲学出来る）のは、源は大円鏡智である。理性出来るのは、源は平等性智である。認識出来るのは、源は妙観察智である。感覚出来るのは、源は成所作智である。無作別智は個の世界に働くのであって、二つの個は一面二つ一面一つである。だから数学の使えない世界であって、物質的自然とは違うのである。

3

秋風が吹くと「もの悲しい」。芭蕉は、

秋風はもの云はぬ子も涙にて

といっている。

何故であろう。

これは心が「もの悲しい」というメロディーを奏でるからである。

だがどういう心だろう。心理学の対象である、前頭葉《ぜんとうよう》に宿る心を第一の心ということにすると今問題になっている心は、物質の秋風に遭《あ》いさえすれば、まるでピアノの同じ鍵《キー》を叩いたように、同じ一つのメロディー「もの悲しさ」を奏でるのだから、これは「無私の心」だが、第一の心は私を入れなければ動かない心である。

また第一の心は五尺のからだに閉じ込められてある。実際自分は悲しくても他《ひと》は悲しくない。所が問題になっている心は、秋風の吹く所、家々村々「もの悲し」くない人はいない。

こんなに違うのだから第二の心はたしかにある。

4

この第二の心は大脳の何処《どこ》に宿っているのだろう。

大脳生理学は大脳を五つの部分に分かっている。

頂上が頭頂葉。

頭頂葉を前に少し下ると運動領、更に下ると前頭葉、これは丁度前額の裏である。

頭頂葉を後に下りると後頭葉、横に廻って側頭葉、これは左右二つあるが連絡がついているから一つの様なものである。更に前に廻ると再び前頭葉である。

第二の心はこの何処に宿っているのだろう。

前頭葉は第一の心の宿る所である。だからここではない。

運動領は全身の運動を司《つかさど》る所である。ここでもない。

側頭葉は知覚、記憶、判断を司る。言語中枢もある。ここでもない。

後頭葉は「資料室」だという。たとえば小林秀雄さんは、ここで選《よ》り抜きの出土品の曲玉《まがたま》にじっと眺め入るのである。そうするとその時受ける感銘を奏でる第二の心はここには宿れない。

残りは頭頂葉だけであるが、大脳生理学はここは「受入態勢」の由って来《きた》る所だと言っている。ここに宿る(第二の)無私の心がメロディーを奏でるから、第一の心はこれをつぶさにレシーブして、出所進退を決めるのである。それでよい。此処《ここ》である。

黄老の教えは泥洹《ないおん》宮(1)は頭頂葉にあると言っている。泥洹とは有無《うむ》を離れた境ということである。有無を離れるとは、大小遠近彼此の別が無くなるということである。秋風から大小遠近彼此の別を取り去れば「もの悲しさ」が残る。より抜きの出土品の曲玉から大小遠近彼此の別を取り去れば、特有の感銘が残る。

第二の心は頭頂葉に宿る。この心は第八識、従って前頭葉は第七識である。黄老では第八識を泥洹界と言う。

5

弁栄上人は頭頂葉は霊性の座と言っている。霊性とは第九識のことである。

ここに源を発する四智が大脳の各部に流れ入って、それぞれ一つずつを受け持っている。

頭頂葉は大円鏡智、運動領は無明（智光なし）、前頭葉は平等性智、後頭葉は妙観察智、側頭葉は成所作智。

人には心は二つしかない。第二の心を天、第一の心を地と言うことにする。天は一切のメロディーの生まれる所である。メロディーばかりでこんなに円融無礙《えんゆうむげ》(2)な世界を作れるのは大円鏡智の働きである。

6

天のメロディーと働く人との関係を見よう。

ここに、日本に一人の百姓がいる。山の上に畑を開き、少しばかり大根を蒔《ま》き、生えるのを待って遠くの家から肥やしを運んでかける。この労作が百姓の大根に対する愛情(地の心)を生む。百姓は愛する大根のためにせっせと肥やしを運び続ける。愛情は段々育つ。或《あ》る夏の朝、遠い家から、愛する大根のために、重い肥やしを運んで来て見ると、大根はすっかり元気で、葉の縁に一面に露の玉を宿して、あたかも昇って来た太陽をうけて、キラキラと本当に嬉《うれ》しそうにしている。百姓はこれで私が大根に尽くしてやったまごころ(天の心)がすっかり報いられたと思う。

百姓は天の奏でる妙《たえ》なるメロディーに陶酔して無上の（これ以上何もいらないという）幸福を感じるのである。

この幸福は当人にしかわからない。だから「自作自受《じさじじゅ》」という。

日本の百姓の不思議な勤勉さはこれによるのである。

7

私は工場の職工さん達はどうだろうと、少し危惧《きぐ》の念を抱いた。それで小林茂さんの工場長をしているソニーの厚木工場を見に行った。ここの職工さんの大部分は、東北の田舎《いなか》から出た、中学校を終えたばかりの娘さんである。トランジスターの部分品を作っているので非常に細かい細工なのであるが、全く「無心」に働いていて、目にも頬にも見るからに生気が溢《あふ》れている。小林さんの話ではトランジスターの型を換える時に旧い型に別れを惜しんで泣くということである。ここでも「自作自受」は全くよく行なわれている。

こんな風にして三年いると顔も仕草もすっかり麗しくなって、郷里へ帰るとお嫁に引っ張り凧《だこ》だと小林さんは話した。私は嬉しくて涙が出た。

働くことが何ともしれず心楽しければもはや労働者階級ではない。論より証拠、厚木労働者組合は、自主的に一人減り二人減り、到頭コチコチの共産主義者三人だけになってしまったということである。

8

外国はどうだろうと思った。そうすると丁度《ちょうど》新聞にこういう記事が出ていた。アメリカにマギーさんという娘さんがいる。まだ二十前だが、大学へ行かないで働いて自活している。然し日に八時間だから、ねる時間等を引いてもまだ大分時間が残る。マギーさんはその残っている時間をみんなの為に働きたいと思った。それで市役所に私を無給で、何にでもよいから使って下さいと申し出た。

この願いは聞き届けられた。それで今余った時間を無給で市役所で働いている。余った時間をみんなの為に働くことが出来て私は本当に幸福ですと記者に語ったという。この本当に幸福ですという言葉の内容は、無給で働いている間中絶えず心楽しくて、それ以上何も望まないというのである。ここでも「自作自受」はよく行なわれている。

9

学問芸術はどうだろうとお思いになるでしょう。私の例をお話します。

日本が大東亜戦争に突入したと聞かされたとき、私はしまった、日本は亡《ほろ》びたと思いました。それで暫《しばら》く呆然《ぼうぜん》としていたのですが、やがて起こる一億同胞死なば諸共《もろとも》の声に促されて私はそれもよかろうと思いました。それで数学研究の中に閉じこもりました。こうしておれば外はどうあろうと、中は永遠《ときわ》の春の長閑《のどか》さです。

閑雲野鶴《かんうんやかく》空濶《ひろ》く
　風に嘯《うそぶ》く身はひとつ〔り〕
月を湖上に砕きては

行方《ゆくえ》波間《なみあい》の舟一葉《ひとは》

その中に夏になりました。私は札幌にいたのですが、北海道の夏は美しい。それで居を壺中《こちゅう》の別天地から札幌植物園に移し、数学に関して泥洹界を逍遥《しょうよう》し続けました。実に楽しかった。夏も終わりという頃、空には淡い朝月が出ていた。札幌の夏もこれで見おさめか、ではまた壺中へ帰ろうと思って、

夏も早や残月の夢の別れ哉《かな》

「自作自受」でなければ本当の研究は出来ないのです。それでは学問をするものには何時《いつ》頃からこの「自作自受」が出来始めるかといえば、私の経験によれば旧制高等学校の頃からです。これが充分よく出来るようになってから大学へ入って学問をするのです。「自作自受」が出来ることが大学への入学資格です。

10

では「自作自受」に徹した人が死ねばどういうことになるのだろう。

頭頂葉を白紙にし、運動領は頭頂葉が働いている間は無明《むみょう》は生きようとする盲目的意志ですが、これを取り去ってバラバラにします。これを中天と呼びましょう。

頭頂葉を白紙にし、運動領を中天にし、頭頂葉に裸の（第二の）心のタンゼンシャル（切線的）メロディーを置いてやります。これが死の模型です。原型は天にあります。

そうすると天の全メロディーがまことの自分だという自覚が充分に出来ていますから、裸のタンゼンシャルメロディーは躊躇《ちゅうちょ》せずに、全メロディーの匂いのする後頭葉へ行き、小林秀雄さんの場合ならば、選り抜きの出土品の曲玉に充分別れを惜しみます。そして充分最後の陶酔をします。かようにして後頭葉の匂いを充分身につけて側頭葉へ行きます。ここには後頭葉の匂いを単一メロディー又は標語に錬成する道具立ては揃《そろ》っています。小林さんはここでたとえば、

赤玉は緒さえ光れど白玉の

そして神国日本へ行って、このメロディーの奏で易《やす》い家を選んで生まれるのです。

小林さんは姿が変わるだけで心（第二の心）は絶えず天にあり、まだ充分無明が取れていないでしょうから、天《あめ》の夜の食《お》す国、即《すなわ》ち天の月読《つきよみ》の尊《みこと》治《し》らす国にあります。

こうして姿を変えつつたえず「自作自受」の生涯を暮らしている中に無明もあらかた取れます。そうするとそこが高天《たかま》が原《はら》で天の天照大神《あまてらすおおみかみ》の治らす所です。以後は高天が原の住民になって、姿を変えつつみんなの為に働きつづけるのです。

二

神国日本とはどういう所かお話しましょう。

神国日本の自然は春夏秋冬、晴曇雨風、趣《おもむき》の千変万化があり、それに伴う天のメロディーの微妙さ、その微妙音の織りなす日夜にやめない妙なる交響曲、その音《おん》を観に変えた絵にも描けない景色、筆舌を絶した美しさです。

これを神国日本の自然は女神が織りなしていると言うのです。

心の姿というとわかるでしょう。それなら心の心と言ってもわかるでしょう。だから天のメロディーには始めから姿と心との二種類あるのです。心が男性、姿が女性です。段々おわかりになるでしょうが、男性のメロディーの深さの所までしか女性のメロディーは姿を現わしません。たとえば芭蕉の、

ほろほろと山吹散るか滝の音

先ず滝の音を聞いて下さい。これは私が作ったのですが、

川の面は誰《た》そ彼《か》れ行きて宇治の瀬の
音高鳴るを聞きて佇《たたず》む

この宇治の瀬音の鳴り止んだ頃、

ほろほろと散る

山吹の微妙な散り方をみて下さい。それが稚郎子《わきいらつこ》の命《みこと》の御生涯の象徴です。

これで男性のメロディーの深さまでしか、女性のメロディーは姿を現わさないということが少しおわかりになったでしょう。

そんな訳ですから、神国日本の神々は人と生まれては皇統護持《こうとうごじ》の為に、「岩に激する清流の如《ごと》く雪と散り玉と飛んで」これもわかる人には言葉の途絶えた美しさです。たとえば楠木父子を見て下さい。私は正成は天の月読の尊の分身、正行は天の天照大神の分身だと思っているのです。

神国日本の人達は大分日本の自然の美しさがよくわかるようになって来ました。「……とかの雲は天才である」といった詩人が出ています。また石川啄木《たくぼく》は、

命なき砂の悲しさよさらさらと

握れば指の間より落つ

と詠んでいます。これは「命ある」といっているのでしょう。これをよむために啄木は病軀《びょうく》を削る思いをしたと思います。男性のメロディーの丁度その深さまで女性のメロディーは姿を現わすものだからです。

12

まことの自分は天のメロディーだと知らないで、生きているのが自分だと思っている人が死ぬと、裸の心のタンゼンシャルメロディーは唯もう生きたくて中天に飛び込みます。そうするとここは妙観察智が充分によく働いていますから、心がそのまま姿に現われてタンゼンシャルメロディーは直《ただ》ちに姿を現わします。然しまだ肉体は非常に薄くて天眼でなければ見えません。これを「中有《ちゅうう》」と言います。中有は中天にいて自分とメロディーの合った両親を選んで生まれます。この生まれ方をすれば四悪道です。

人天二道の場合は最初は「自作自受」の充分出来ている人のように後頭葉、側頭葉に行き、然る後引き返して運動領の中天に行くのです。尤《もっと》も天道の充分位の高いものは側頭葉から直接前頭葉に行って天に生まれると言われています（仏典参照）。

だからよし死が確認出来ても、後頭葉や側頭葉、特に記憶を司る所が働いている間は死体を破壊しないことを、死んで次に生まれようとしている人の為に希望します。

まことの人とは第八識のことです。

13

それで教育は何よりも頭頂葉の第八識の発育をはからなければなりません。それには小、中学校で何よりも民族の詩としての日本歴史を教えなければなりません。また国語はこの国の濃《こ》まやかな人情を教えなければなりません。又千変万化する日本の美しい自然をよく心に反映することを教えなければなりません。

（一九六九年　六十八歳）

註

生命

1［色環］標準色相の種類を黄↓橙↓赤↓紫↓青↓緑↓黄という順序で環状に配置したもの。向かい合った二つの色はたがいに補色の関係にある。**2**［張良］秦末期から前漢初期の政治家、軍師（?―前一六八）。劉邦に仕え、多くの作戦を立案して劉邦を支えた名軍師。**3**［諸葛孔明］諸葛亮（一八一―二三四）。中国三国時代の蜀漢の宰相。字は孔明。劉備に三顧の礼をもって迎えられ、劉備の蜀漢建国を助けた。**4**［土井晩翠］詩人、英文学者（一八七一―一九五二）。「星落秋風五丈原」は、明治三十一（一八九八）年に発表された長編叙事詩。諸葛孔明が五丈原に病没するまでの生涯を描いている。

こころ

1［ジャンポロジー］ジャンプ学。飛躍考現学。写真家のフィリップ・ハルスマンが名づけ、一九五九年に写真集『JUMP BOOK』を刊行。マリリン・モンロー、グレース・ケリー、サルバドール・ダリなど各界著名人百七十八人が空中に飛び上がっている写真が掲載されている。

天と地

1［紐帯］二つのものをかたく結びつけるもの。

数学を志す人に

1［アンリ・ポアンカレー］ジュール＝アンリ・ポアンカレー（一八五四―一九一二）。フランスの数学者。**2**［アーベル］ニールス・アーベル（一八〇二―二九）。ノルウェーの数学者。

春宵十話

1「鶴亀算」鶴と亀の合計数と合計足数を知ることで、それぞれの数を求める、算数の文章題の解き方の一つ。2「真書太閤記」江戸後期の実録風読み物。十二編三百六十巻。栗原柳庵編。太閤豊臣秀吉の通俗的な伝記をまとめたもの。3「アインシュタイン」アルベルト・アインシュタイン（一八七九—一九五五）。ドイツ生まれ、ユダヤ人の理論物理学者。4「ガストン・ジュリア」フランスの数学者（一八九三—一九七八）。5「花合わせ」三人で遊ぶ花札の遊戯の一つ。手札の花と場札の花を合わせてそれを自分の札として得点を競う。6「中谷宇吉郎」日本の物理学者、随筆家（一九〇〇—六二）。7「ルネ・クレール」フランスの映画監督、脚本家、映画プロデューサー（一八九八—一九八一）。「詩的レアリスム」の監督と称された。8「マチス」アンリ・マチス（一八六九—一九五四）。フランスの画家。9「石鏃」石でできたやじり。矢の先端にひもなどで固定して用いる。10「アルキメデス」古代ギリシアの数学者、物理学者。11「西田幾多郎」哲学者（一八七〇—一九四五）。12「法華経義疏」正しくは法華義疏。聖徳太子の作とされる。法華経についての註釈を集めるとともに、みずからの註釈を施したもの。三経義疏の一つ。13「プラトン」古代ギリシアの哲学者。ソクラテスの弟子、アリストテレスの師。14「ガリレオ」ガリレオ・ガリレイ（一五六四—一六四二）。イタリアの天文学者、物理学者、哲学者。15「デカルト」ルネ・デカルト（一五九六—一六五〇）。フランスの哲学者、数学者。16「ニュートン」アイザック・ニュートン（一六四二—一七二七）。イギリスの物理学者、天文学者、数学者。17「ゲーテ」ヨハン・ヴォルフガング・フォン・ゲーテ（一七四九—一八三二）。ドイツの作家、自然科学者、政治家。18「ショーペンハウエル」アルトゥル・ショーペンハウエル（一七八八—一八六〇）。ドイツの哲学者。19「リーマン」ゲオルク・フリードリヒ・ベルンハルト・リーマン（一八二六—六六）。ドイツの数学者。20「連句」俳諧で複数の吟者が吟じる短句で、前句に後句を付け合いし続けること。付け合いする句は、それぞれ独立していながら、隣接する二句が調和することが求められる。21「ド・ブローイー」ルイ・ド・ブロイ（一八九二—一九八七）。フランスの理論物理学者。

かぼちゃの生いたち

1［開立］三乗（同じ数を三回かけ算）すること。**2**［廉恥心］いさぎよくて恥を知る心。**3**［尾生の信］かたく約束を守ること。愚直。中国の春秋時代、尾生という男が橋の下で女と会う約束をして待っているうちに大雨になって増水したが、そのまま待ち続けて溺れ死んだという故事から。

数学と大脳と赤ん坊

1［余蘊］余すところ。不足の部分。**2**［惻隠］かわいそうに思うこと。同情すること。**3**［半畳を入れ（る）］やじったりからかったりすること。

ロケットと女性美と古都

1［ドウブロウィー］ルイ・ド・ブロイ。本書「春宵十話」註**21**参照。**2**［ひっきょう］結局。要するに。**3**［人生旧を傷みては〜］「万里長城の歌」の一節。**4**［人麿］柿本人麿（人麻呂、六六〇—七二〇頃）。飛鳥時代の歌人。

日本的情緒

1［弟橘媛］日本武尊（ヤマトタケルノミコト）の妃。日本武尊の東征において、相模から上総に渡ろうとした際、突然暴風が起こって海が荒れ進退窮まる。そこで弟橘媛が尊に替わって海に入ると暴風が収まったと『古事記』に記されている。**2**［菟道稚郎子命］記紀に伝わる日本の皇族。十五代応神天皇皇子。**3**［楠木正行］南北朝時代の武将、楠木正成の嫡男。四条畷の戦いにおいて、足利尊氏軍の高師直・師泰兄弟と戦って敗れ、自害したとされる。**4**［白露に風の吹きしく〜］百人一首第三十七番。文屋朝康（ふんやのあさやす）の歌。**5**［行仏の去就〜］『正法眼蔵』「行仏威儀」巻の一節。

物質主義は間違いである

1［違背］命令、規則、約束などにそむくこと。

宗教について

1［百済観音］奈良県斑鳩町の法隆寺が所蔵する飛鳥時代作の仏像。**2**［月光菩薩］日光菩薩とともに薬師如来の脇侍として祀られる菩薩。ここでは東大寺法華堂（三月堂）蔵の月光仏立像を指す。**3**［安部磯雄］キリスト教的人道主義の立場から活動した社会主義者（一八六五―一九四九）。**4**［賀川豊彦］キリスト教社会運動家（一八八八―一九六〇）。戦前日本の労働運動、農民運動、生活協同組合運動において重要な役割を担った。**5**［滝田樗陰］編集者（一八八二―一九二五）。『中央公論』の編集長をつとめた。

六十年後の日本

1［松柏］松柏は常緑樹。歳寒の松柏は、常緑樹が一年中葉の色を変えないことから、りっぱな人物が逆境にあっても節操を変えないこと。**2**［一陽来復］冬が終わり春がくること。陰の気がきわまって陽の気にかえる意から、悪いことが続いたあとで幸運に向かうこと。

人とは何か

1［泥洹］涅槃。**2**［円融無礙］完全にとけあって、一切の障害のないこと。

岡 潔

おか・きよし（一九〇一～七八）
数学者、随筆家、奈良女子大学名誉教授

生まれ
明治三十四（一九〇一）年四月十九日、大阪府大阪市に、軍人の父寛治・母八重夫妻の長男として誕生。幼少期は一時、父の故郷・和歌山県紀見峠で過ごす。

家族・結婚
京都帝国大学を卒業後まもなく、大正十四（一九二五）年四月一日（エイプリル・フール）に、小山みちと結婚。一男二女あり。

数学とは
「自らの情緒を外に表現することによって作り出す学問芸術の一つ」であり「生命の燃焼によって作る」もの。

研究
専門は「多変数解析函数論」。フランス留学時に生涯のテーマと決める。その分野で世界中の数学者のあいだで未解決だった三つの超難題を一人ですべて解き、天才数学者として世界にその名を轟かせた。

超俗の人
研究以外のことには無頓着。煙草とコーヒーが大好物で、朝起きると、寝床の中でコーヒーを飲み、そのまま研究にかかる。外出時も髪はボサボサ、服はヨレヨレ、革靴は「直接前頭葉に響いて脳によくない」と晴雨にかかわらずゴムの雨靴を愛用する独特のスタイルを貫いた。

文化勲章受章
昭和三十五（一九六〇）年、文化勲章受章で一躍世間の脚光を浴びる。受章の感想を聞かれて、「年金がもらえるというから、女子大の定年後もアルバイトなしで食べてゆける。勲章なんかいりませんよ。でも年金はありがたいな。（同時受章者の）佐藤（春夫）さんや吉川（英治）さんは、年金なんてどうでもいいのではないですか。私の勲章をさしあげますから、年金をまわしてくれませんかね」とコメント。当時は六畳二間に台所と土間という小さな家でつましい暮らしを送っていた。

最後の言葉
「まだしたいことがいっぱいあるから死にたくない。だけど、もうあかん。明日あたり死んでるだろうな」。そう言った翌日、一九七八年三月一日永眠。戒名は「春雨院梅花石風居士」。

もっと岡潔を知りたい人のためのブックガイド

「岡潔集」1～5
岡潔著、学術出版会、二〇〇八年
学習研究社から一九六九年に刊行された選集の復刻。「春宵十話」ほか代表的な著作や講演録、松下幸之助、司馬遼太郎などとの対談も収録した生前の編集。解題は保田與重郎が担当。

「春宵十話」
岡潔著、角川文庫、二〇一四年（改版）
一九六二年四月に毎日新聞紙上で連載された「春宵十話」に二十二編を加え、六三年に刊行された岡の第一随筆集の文庫化。「人の中心は情緒である」と書き出されたユニークな日本文化論、教育論で、岡潔は一躍ブームの人となった。解説は中沢新一。

「春の草」
岡潔著、日経ビジネス人文庫、二〇一〇年
天才数学者はいかにしてつくられたのか。その生い立ちを縦横無尽に語った「私の履歴書」。

「人間の建設」
小林秀雄、岡潔著、新潮文庫、二〇一〇年
日本の近代批評を確立した文芸評論家、小林秀雄と、学問、芸術、時間、科学、文明、仏教、日本文化などをめぐって語り合った、直観と情熱に満ちた「日本史上最も知的な雑談」。

「情緒と日本人」
岡潔著、ＰＨＰ文庫、二〇一五年
岡潔の著書から切実な主張が込められた言葉をあつめた箴言集。日本人として現代をどう生きるべきか、示唆に富んだ名言を収録。編集・解説は、評伝『天上の歌――岡潔の生涯』の著者、帯金充利。

本書は、『岡潔集』（全五巻、学術出版会、二〇〇八年）を底本としました。同書未収録の「こころ」「天と地」は『風蘭』（講談社、一九六四年）、「物質主義は間違いである」は『昭和への遺書／敗るるもまたよき国へ』（月刊ペン社、一九七五年）、「人とは何か」は『曙』（講談社、一九六九年）を底本としています。

表記は、新字新かなづかいに改め、読みにくいと思われる漢字にはふりがなをつけています。表記などについては以下の本も参考にしました。

「生命」「六十年後の日本」…『春風夏雨』（角川ソフィア文庫、二〇一四年）
「数学を志す人に」「春宵十話」「日本的情緒」「宗教について」…『春宵十話』（角川ソフィア文庫、二〇一四年／光文社文庫、二〇〇六年）
「春宵十話」「かぼちゃの生いたち」「日本的情緒」「宗教について」「六十年後の日本」…『岡潔／胡蘭成』（新学社近代浪漫派文庫、二〇〇四年）

また、今日では不適切と思われる表現については、作品発表時の時代背景と作品価値などを考慮して、原文どおりとしました。

なお、文末に記した執筆年齢は満年齢です。

STANDARD BOOKS
岡潔　数学を志す人に

発行日――2015年12月11日　初版第1刷
2025年1月20日　初版第9刷

著者――岡潔

発行者――下中順平

発行所――株式会社平凡社
東京都千代田区神田神保町3-29　〒101-0051
電話（03）3230-6580［編集］
（03）3230-6573［営業］
振替　00180-0-29639

印刷・製本――シナノ書籍印刷株式会社

編集――大西香織

装幀――重実生哉

ISBN978-4-582-53153-4
NDC分類番号914.6　B6変型判（17.6cm）　総ページ216
平凡社ホームページ https://www.heibonsha.co.jp/

STANDARD BOOKS　刊行に際して

STANDARD BOOKSは、百科事典の平凡社が提案する新しい随筆シリーズです。科学と文学、双方を横断する知性を持つ科学者・作家の珠玉の作品を集め、一作家を一冊で紹介します。

今の世の中に足りないもの、それは現代に渦巻く膨大な情報のただなかにあっても、確固とした基準となる上質な知ではないでしょうか。自分の頭で考えるための指標、すなわち「知のスタンダード」となる文章を提案する。そんな意味を込めて、このシリーズを「STANDARD BOOKS」と名づけました。

寺田寅彦に始まるSTANDARD BOOKSの特長は、「科学的視点」があることです。自然科学者が書いた随筆を読むと、頭が涼しくなります。科学と文学、科学と芸術を行き来しておもしろがる感性が、そこにあります。

現代は知識や技術のタコツボ化が進み、ひとびとは同じ嗜好の人としか話をしなくなっています。いわば、「言葉の通じる人」としか話せなくなっているのです。しかし、そのような硬直化した世界からは、新しいしなやかな知は生まれえません。

境界を越えてどこでも行き来するには、自由でやわらかい、風とおしのよい心と「教養」が必要です。その基盤となるもの、それが「知のスタンダード」です。手探りで進むよりも、地図を手にしたり、導き手がいたりすることで、私たちは確信をもって一歩を踏み出すことができます。規範や基準がない「なんでもあり」の世界は、一見自由なようでいて、じつはとても不自由なのです。

このSTANDARD BOOKSが、現代の想像力に風穴をあけ、自分の頭で考える力を取り戻す一助となればと願っています。

末永くご愛顧いただければ幸いです。

2015年12月

ロゴマークデザイン：重実生哉